ぼくが写真家になった理由《わけ》

——クジラに教えられたこと

ぼくはひとときのあいだ、この赤ちゃんクジラの子守役になった。(p.118)

ポルトガル、アゾレス諸島の海でであった白いマッコウクジラの赤ちゃん。

目次《もくじ》

シャチとすごした夏《なつ》

ボートと遊《あそ》ぶクジラ

マッコウクジラと泳ぐ

地図・イラスト＝しろ

シャチとすごした夏《なつ》

森《もり》と霧《きり》の海峡《かいきょう》から

船《ふね》のベッドで目ざめると、ぼくはすぐに甲板《かんぱん》にあがった。まわりは深《ふか》い霧につつまれて、色のあるもの、形のあるものはいっさい見えず、ただわずかな明るさのちがいがあるだけだ。

ぼくは甲板にある椅子《いす》に腰《こし》をおろして、霧がゆっくりと流《なが》れていくさまをながめていた。耳には、船《ふな》べりにひたひたとあたるさざ波の音だけがとどいていた。

夏《なつ》だというのに、早朝《そうちょう》の大気《たいき》はつめたい。ぼくは、はおっていたダウンジャケットのジッパーを首もとまでしっかりと閉《と》じ、船室《せんしつ》からもってきた熱《あつ》いコーヒーを口に運《はこ》んだ。

カップからたちのぼる湯気《ゆげ》とコーヒーのほのかな香《かお》りが、霧《きり》のなかにとけこんでいく。昨日《きのう》がどんな日であったか、今日《きょう》がどんな日になるのかに、思いをめぐらせる。

やがて東の方角《ほうがく》から、空が明るさをますとともに、霧は赤みをおびはじめる。霧のむこうで、太陽《たいよう》がのぼったのだろう。

霧は、その色あいを赤から黄金《こがね》へ変えながら、あたりの風景《ふうけい》をすこしずつうかびあがらせていく。やがて森の風景《ふうけい》が、目の前に広がりはじめた。

ぼくが乗る船《の》は昨夜《さくや》、森におおわれた島の、小さな入り江に錨《いかり》をおろして停《てい》泊《はく》したのだった。入り江のなかには外海《そとうみ》の波はとどかず、まるで静《しず》かな湖《みずうみ》のなかにうかんでいるかに思えた。

梢《こずえ》のあいだからさしこみはじめた太陽が、森のなかにたなびく霧《きり》をすかして、何本《なんぼん》もの光の帯《おび》をつくりだす。朝の澄《す》んだ光は、すべてのものに、今日一日を生きぬく力をあたえるかのようだ。

あふれる光とともに、森の香《かお》りが船にも流《なが》れてくる。ツガやトウヒといった針葉樹《しんようじゅ》は、それぞれが幹《みき》を天にむけてまっすぐにのばし、見る者《もの》の姿勢《しせい》さえ正してくれる凛《りん》とした雰囲気《ふんいき》をただよわせている。

ぼくがいまいるのは、カナダの太平洋岸《たいへいようがん》。海岸線《かいがんせん》はふくざつにいりくみ、無《む》数《すう》の島じまがちらばる迷路《めいろ》のような海である。こうしたひとつの島の、小さな入り江で新《あたら》しい朝をむかえたところだった。

＊

このあたり一帯《いったい》は、一万数千年前には厚《あつ》い氷河《ひょうが》におおわれていた。山にふった雪は押《お》しかためられ、やがて氷《こおり》のかたまりになって、山の斜面《しゃめん》を悠久《ゆうきゅう》の時間をかけてすべりおちていく。

川の水が流《なが》れるように谷筋《たにすじ》を流れる氷の川は、谷をより深くけわしくけずった。その後、地球《ちきゅう》があたたかくなり、氷河《ひょうが》が姿を消したとき――陸《りく》をおおっていた氷がとけたことで海面はずっと高くなった――氷河によってけずられた谷に海がはいりこむとともに、かつての小高い丘《おか》を島じまに変えて、ふくざつにいりくんだ海岸線《かいがんせん》をつくった。

いま海岸や島じまをおおうのは、氷河ではなく、ツガやトウヒなどの深い森である。太平洋からの湿《しめ》った風がふらせる雨が、この土地に巨木《きょぼく》の森をはぐくんでいる。

いりくんだ海は、外海《そとうみ》の荒波《あらなみ》からまもられて、おだやかな海面が広がっている。いまぼくの目にうつるのは、水辺《みずべ》にまでせまる森の、樹々《きぎ》の一本一本をまるで鏡《かがみ》のようにうつしだす静寂《せいじゃく》の風景《ふうけい》である。

しかし、海上《かいじょう》の風景《ふうけい》の静けさとは対照的《たいしょうてき》に、海面下の動きははげしい。潮の満《み》ち引《ひ》きによって流れる海水は、島じまやいりくんだ海岸線にぶつかってかき

霧がたなびく早朝の森に、のぼりはじめた太陽の光がさしこみはじめた。

まぜられる。海の水がかきまぜられる場所《ばしょ》では、海の底《そこ》から栄養分《えいようぶん》がまきあげられ、海中《かいちゅう》にプランクトンをわきたたせる。そこに小魚があつまり、それを食《た》べる魚からクジラまで、多くの海洋動物《かいようどうぶつ》があつまってくる。

シャチを追《お》って

ぼくはこの一週間、カナダ、バンクーバー島の北端《ほくたん》近くにあるジョンストン海峡《かいきょう》という海峡を、船で旅《たび》してきた。ジョンストン海峡は、バンクーバー島とまわりの小さな島じまがつくりだす、長さ八〇キロ、幅《はば》二〜三キロの狭《せま》い海峡である。目的《もくてき》は、この海峡にひんぱんに姿を見せる野生《やせい》のシャチを観察《かんさつ》することだ。

霧《きり》のなかから、より遠くの風景がうかびあがりはじめた。停泊《ていはく》する船のまわりには、入り江に茂《しげ》る森が間近《まぢか》にせまり、入り江の狭《せま》い出口を通して、その先に広がるジョンストン海峡と、対岸《たいがん》の島の風景をのぞむことができる。

ぼくは水中《すいちゅう》マイクをとりだし、船べりから海のなかに沈《しず》めた。ケーブルを通してとどけられる海中の音を、船の上におかれたスピーカーで聞《き》くためだ。シャチは海中でにぎやかに声を発《はっ》するために、霧で視界《しかい》がとざされたときや、かさなりあう島じまの陰《かげ》になって見通《みとお》しがきかないときでも、シャチが近くにいれば、海中にひびく声で知ることができるのである。

スピーカーのスイッチを入れて聞こえてきたのは、海の水が海岸や海底《かいてい》をかすめて流れる音や、海底にすむエビがぱちぱちと鋏《はさみ》を鳴《な》らす音。海のなかは、思いのほか音に満《み》ち、音をよくつたえる世界である。

ぼくはスピーカーをつけっぱなしにしたまま、海峡にむけて双眼鏡《そうがんきょう》をのぞいた。朝の光をうつして輝《かがや》く海面と、対岸の島に茂《しげ》る樹々《きぎ》のさまが、手にとるように見える。

いま霧《きり》は、ひとすじの帯《おび》になって森のうえにたなびいている。ここでは大気の流れは、霧に形をかりて姿《すがた》をあらわす。

ふとスピーカーから、「ウィーン」と澄《す》んだ声が聞こえたような気がした。空耳《そらみみ》でなければ、まちがいなく海中にわたるシャチの声だ。ぼくは、ふたたび聞こえるかもしれない声を聞きのがさないよう、スピーカーに耳《みみ》を近づけた。

「ウィーン」と、今度《こんど》ははっきりとシャチの声が聞こえた。船長《せんちょう》はすぐに船のエンジンをかけ、錨《いかり》をあげはじめた。

＊

ぼくがこの船旅《ふなたび》をおこなったのは、一九八二年のこと。その頃《ころ》はまだ、ぼくは会社につとめながら、クジラの仲間《なかま》がすむ海を旅行しながら、観察《かんさつ》や撮影《さつえい》をおこなっていた。

会社につとめていたから、一週間ほどの休みをとっての撮影になる。しかし、一週間という期間《きかん》は、シャチをはじめとするクジラという動物《どうぶつ》をほんとうに理《り》

早朝の海峡に、シャチの群れが姿をあらわす。潮ふきが霧にとけこんでいく。

解《かい》しようとするには、あまりに短い。

ぼくは、クジラの世界《せかい》により深く足をふみいれるにつれて、彼らがすむ海でもっと長くふれあいたいという気持ちが強《つよ》くなっていった。しかし、会社につとめる人間にとって、長く休《やす》んで野外《やがい》にでかけるのはむずかしい。ぼくは写真《しゃしん》家《か》として独立《どくりつ》することを考え、近い将来《しょうらい》に会社をやめることを頭の片隅《かたすみ》におきながら、出かけてきた旅だった。

＊

海峡《かいきょう》にでた船は、みがきあげた鏡《かがみ》のような海を進んでいく。遠くを、何隻《なんせき》かの漁船《ぎょせん》が行きかうのが見える。

この季節《きせつ》、産卵《さんらん》をひかえたサケやマスの大群《たいぐん》が、海峡に押《お》しよせる。サケやマスの群《む》れは、しばらく内海《うちうみ》にとどまったあと、それぞれ生まれ故郷《こきょう》の川にさかのぼって産卵する。それまでの期間《きかん》は、漁師《りょうし》たちにとって一番のかせぎどきになる。

サケやマスの群れをねらってあつまるのは、漁師だけではない。シャチもまた、この豊《ゆた》かなえものをもとめて、海峡に姿《すがた》を見せるのである。

海峡の中ほどにでて船をとめ、ふたたび水中マイクを沈《しず》めた。海中にひびくシャチの声が、入り江のなかで聞いたときよりもはっきりと聞こえる。

シャチは、近くにいるのだろう。ぼくたちはまわりの海面《かいめん》に目を走らせながら、船を進めはじめた。

海峡は、両側《りょうがわ》につらなる島に茂《しげ》る樹々《きぎ》の、一本一本がわかるほどの幅《はば》でつづいていく。この風景のどこかに、シャチがいるはずだ。

突然《とつぜん》、前方の海面から、太陽の光のなかで白く輝《かがや》く霧《きり》がたちのぼるのが見えた。シャチの潮《しお》ふきだ。

ぼくたちと同じ哺乳類《ほにゅうるい》であるシャチなどクジラの仲間は、ふだんは海のなかでくらしてはいても、ときどき海面にでて、新鮮《しんせん》な空気を呼吸《こきゅう》しなければならない。肺《はい》のなかであたためられていた空気が、海面で一気《いっき》にはきだされると、冷《つめ》たい大気《たいき》にふれて霧をつくる。これが潮ふきだ。

こうして彼らは、海面で古《ふる》い空気をはきだしたあと、新鮮《しんせん》な空気を吸《す》いこんで、ふたたび海中に潜《もぐ》るのである。ぼくたちがシャチやクジラを発見《はっけん》するには、海上にたちのぼる潮ふきが何よりのたよりになる。

いくつかの潮ふきがたてつづけにあがったのは、何頭かのシャチがいっしょに泳いでいるからだろう。潮ふきは、何回かつづけざまにあがったあと、しばらくは見えなくなり、数分《すうふん》のあとふたたび潮ふきがあがると、また何回かつづけざまにあがった。群れは全員《ぜんいん》が動きをそろえて、浮上《ふじょう》と潜水《せんすい》をくりかえしている。

シャチの群れは、島の岸《きし》にそって泳いでいた。たちのぼる潮ふきは太陽《たいよう》の光をうけて、島の水辺《みずべ》にまでせまる森を背景《はいけい》にまばゆいほどに輝き、その下に黒くとがったいくつかの背びれが見えた。

そのあいだにも船は、シャチの群れにむけて接近《せっきん》をつづけていた。シャチは最後《さいご》に潜ってから五分ほど、海面に姿を見せていない。つぎに浮上するのも、まもなくだろう。

群《む》れでくらすシャチ

海中から黒くとがった先端《せんたん》があらわれると、海面を切って進みながら、剣《つるぎ》をつきあげるように、高くそびえる背びれが浮上した。その直後《ちょくご》、小山のような背中が海面にもりあがる。と同時《どうじ》に、大気をふるわせてあがった潮ふきの音が、まわりの森にこだましてひびいた。

オスのシャチだ。成長《せいちょう》したオスのシャチの背びれは、高さ二メートルにもたっする。そして何頭《なんとう》かの、オスよりはいくぶん小さいメスや、さらに小さい子

どものシャチたちがつづけて浮上し、たてつづけに潮ふきをあげた。

シャチのオスは、体長《たいちょう》九メートル、体重《たいじゅう》八トン、メスはひとまわり小さく体長七メートル、体重五トンにたっする。

クジラの仲間は、口にしっかりとした歯《は》をもち、魚や大型《おおがた》のえものをとらえる「ハクジラ」と、歯のかわりにブラシ状のヒゲ板をもち、それでプランクトンや小生物を海水からこしとって食べる「ヒゲクジラ」にわけられる。シャチは「ハクジラ」に属《ぞく》する。

船は、シャチが潜《もぐ》っているあいだに、ずいぶん接近《せっきん》していたようだ。船のすぐそばに浮上した彼らの、間近《まぢか》で見るときの体の大きさもさることながら、潮ふきの音がぼくを圧倒《あっとう》した。

シャチの群れが背を海面につらねて泳ぐ姿《すがた》は、黒い波がわたっていくように見える。それぞれがふきあげる潮ふきで、まわりの大気さえ白くかすんで見えるほどだ。

オスの高い背びれや、メスや子どもたちの小さな鎌型《かまがた》の背びれが、のこぎりの歯のように海面につらなっている。大昔、この土地にすんだ先住民《せんじゅうみん》の人びとは、この光景《こうけい》を目に、背にいくつものとげをならべた巨大な怪獣《かいじゅう》を思いうかべたという。

群れのなかには、小さな子どものシャチもまじっている。大人たちが潮ふきをあげるあいだで、小さな顔を精一杯《せいいっぱい》に海面にだして、呼吸《こきゅう》をおこなっている。子どものすぐ前を泳ぐシャチが、母親《ははおや》だろう。このメスのシャチが海面に姿をあらわして潮ふきをあげると、その直後《ちょくご》に子どものシャチが顔を見せる。ぼくは、懸命《けんめい》に泳ぐシャチの子どもの姿をとらえようと、夢中《むちゅう》になって望遠《ぼうえん》レンズをつけたカメラのファインダーをのぞいていた。

突然《とつぜん》、一頭のシャチが海面をつきやぶってあらわれたかと思うと、その勢《いきお》いのまま空に体をおどらせた。宙《ちゅう》にうかぶ黒と白の二色《にしょく》の体から、海水が太陽をうけて、銀色《ぎんいろ》に輝《かがや》きながら流れおちていく。その直後に巨体《きょたい》が海面に落下《らっか》すると、大きな水音と水しぶきをあげた。

ぼくは、シャチの体が宙《ちゅう》にうかんだ瞬間《しゅんかん》、とっさにカメラをかまえて何回かシャッターを切った。しかし、自分が目にした光景《こうけい》が、ファインダーを通してのものだったか、じかに自分の目で見たものだったかさえ思いおこせなかった。そして、シャチの巨大《きょだい》な体がおこした波が、ぼくたちの船をゆらしていった。

シャチをふくむクジラの仲間は、ときに巨体《きょたい》を空にむけておどらせることがある。この行動には、遊びであったり、水音が仲間との合図《あいず》になるといった意味があるようだが、ほんとうのところはよくわかっていない。何度かくりかえしておこなうこともすくなくない。

ぼくはつぎに何かおこるか、緊張《きんちょう》して海面に目を走らせていた。しかし、体をおどらせたシャチは、まるで何事《なにごと》もなかったかのように、すでに群れの仲間とともにゆっくりと泳ぎはじめていた。もちろん、いまのシャチが何をしたかったのかも、ぼくには謎《なぞ》のままだ。

*

こうしてぼくは、海峡《かいきょう》でであうシャチの群れを船で追《お》いながら、観察《かんさつ》と撮影《さつえい》をして一日をすごす。高くのぼった太陽は、夏の明るい日ざしで海をてらし、やがて西に傾《かたむ》きはじめる。そして、ぼくの一番すきな時間が、一日の最後にやってくる。

太陽が西の水平線《すいへいせん》に近づき、その日最後《さいご》の輝きを投げかける黄昏《たそがれ》どきだ。海も空も、島じまに茂る森の樹々さえも、黄金色《こがねいろ》に輝くひとときである。

夕なぎのなかで、黄金の油《あぶら》を流したような海面にシャチが泳ぐと、黒いはずの背《せ》さえ輝いて見える。ふきあげられる潮ふきは、まるで燃《も》えたつ炎《ほのお》だ。

漁船《ぎょせん》などの行き来がなくなるこの時間は、シャチたちもくつろいでいるように見える。海中には彼らの声がにぎやかにひびき、子どもや若いシャチたちは、体をよせあったりぶつけあったりして遊ぶ。彼らが水しぶきをあげると、水滴《すいてき》が金粉《きんぷん》のようにはじけちる。

やがて、空も海も、黄金色《こがねいろ》から茜色《あかねいろ》へ、さらには夜に近づく紺色《こんいろ》へと彩《いろど》りをおとしていく。刻一刻《こくいっこく》と色あいを変えていく空のさま、海のさまは、毎日けっして同じではない。ぼくは、その一瞬一瞬を、ほんとうにかけがえのない時間に感じていた。

夜光虫《やこうちゅう》の光にてらされて

こうして、一日をジョンストン海峡でシャチを観察し、夜になると、近くの入り江に船をいれて停泊《ていはく》する。いりくんだ海岸線《かいがんせん》がつづき、多くの島じまがちらばるこの海では、安全に停泊できる入り江を、いくらでも見つけることができた。

夜は、船の薄暗《うすぐら》いあかりのなかで、その日見たシャチについて雑談《ざつだん》したり、デッキにあがって、星あかりをながめてすごす。静けさのなかで、森のどこかから、フクロウの鳴《な》き声が聞こえるときもある。

船べりにあたる海面に、かすかな光がともるのは、水の動きで刺激《しげき》されて発光《はっこう》する夜光虫《やこうちゅう》だ。海面下で、小さな花火《はなび》のように夜光虫の光がはじけたのは、おそらくサケの群れが通ったからだろう。

そういえば何日か前に、夜の海に潜《もぐ》ったときだ。まわりは闇《やみ》につつまれ、水中ライトの光のなかで、魚やカニがうごめいていた。

ぼくは、ほんとうの夜の海が知りたくて、水中ライトを消《け》した。目がようやく暗闇《くらやみ》になれたとき、思いもよらない風景《ふうけい》が目の前にあらわれたのである。

海底の岩や波にゆれる海藻《かいそう》の輪郭《りんかく》が、小さな光の点でうかびあがった。すべて夜光虫の光である。ぼくが手を動かすと、動きによって刺激された夜光虫が光をはなち、魔法《まほう》の杖《つえ》をふったかに見える。そのときぼくは、手でふれるものすべてを光で飾《かざ》ることができる、魔法使《まほうつか》いになったかに思えた。

ぼくは、夜の海中での体験《たいけん》を思いだして、船べりから長い棒《ぼう》を海にさしいれて動かしてみた。海につかった棒の先では、夜光虫が億万《おくまん》の光の粒子《りゅうし》になって舞《ま》いおどった。

そのとき、ぼくは近くで、シャチの潮ふきの音を耳にした気がした。シャチが近くを通るときには、とりわけ静かな夜なら、潮ふきの音がとどいてもおかしくない。ぼくは夜露《よつゆ》にぬれるのもかまわずに、闇《やみ》のなかから聞こえてくる潮ふきの音に聞きいっていた。

しばらく音がとだえ、ふたたび潮ふきの音がひびいたとき、闇につつまれた海面の一点が、ほのかに白く光るのが見えた。シャチが海面を波だてて浮上《ふじょう》したとき、まわりの夜光虫が発光《はっこう》したのだろう。

二度、三度、シャチが海面に浮上するたびに、潮ふきの音が静けさのなかでまわりの森にこだまし、海面に白い光の模様《もよう》を描《えが》きだした。静けさのなかでこそ聞こえる音もあれば、闇のなかでこそ見える光もある。一生のなかでそう多くはない贅沢《ぜいたく》な瞬間《しゅんかん》に、いま自分がたちあっていると思ったものだ。

しかし、ほんとうの見どころは、そのあとにやってきた。シャチは海中でサケの群れを追《お》っていたのだろう。逃げるサケの群れが夜光虫の光の花火をちらしながら、船の下を通りぬけたと思うと、それを追って、体の輪郭《りんかく》を光の粒子《りゅうし》によって縁《ふち》どられたシャチの姿が、うかびあがったのである。

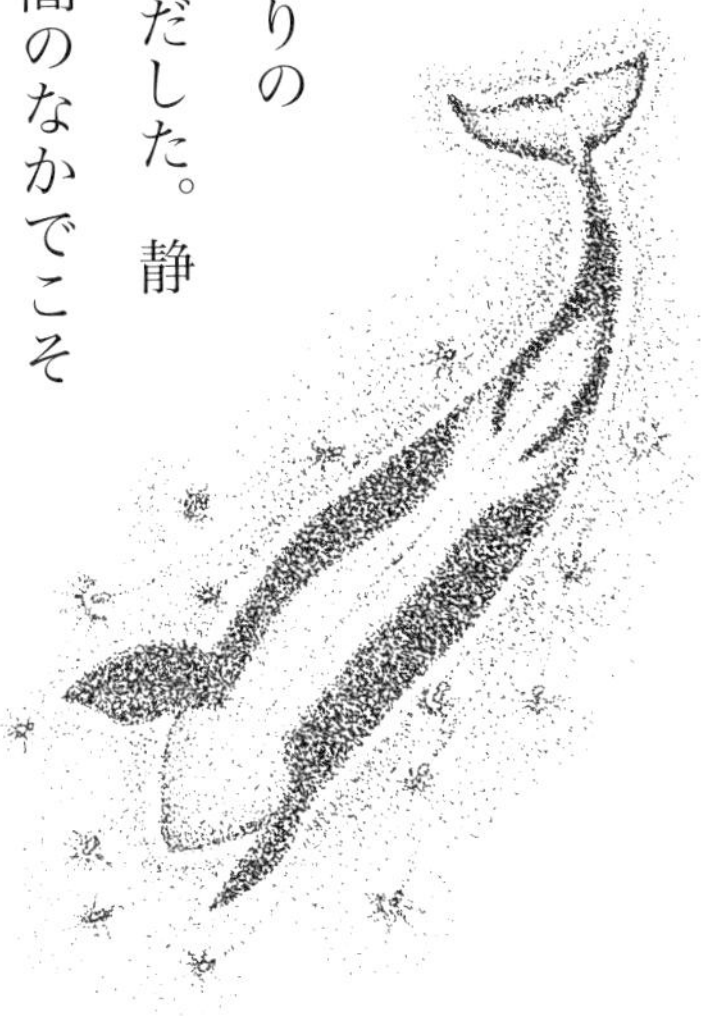

ふいの来客《らいきゃく》

同じように静かな入り江で船をとめたある夜、ふいの来客があった。近くの島でキャンプをしながら、シャチの生態《せいたい》を研究《けんきゅう》する学生で、名前を「ジェフ」という。

彼は毎年夏になると、自分の小さなボートをこの海峡にもちこんで、シャチがどんなくらしをしているかを調《しら》べていた。ちょうどその夜、キャンプの前の入り江に停泊《ていはく》したぼくたちの船のあかりを目に、たずねたのだという。

このあと、ぼくは長くジェフとこの海峡でキャンプをしながら、シャチの観《かん》察《さつ》と撮影《さつえい》をすることになるのだが、そのときもキャンプの近くに停泊する船をよくたずねたものだ。訪問《ほうもん》のおめあては、訪問者に供《きょう》される、キャンプでは望《のぞ》めないような食事《しょくじ》やお菓子《かし》だったのである。

ジェフが船をたずねた夜、ぼくたちはいっしょに食事をしながら、彼からこの海峡のシャチについて、ほんとうにいろいろなことを知ることができた。

この海峡では（ジェフと会った当時で）一〇年前から――いまから数えれば四〇年も前から――野生のシャチの生態《せいたい》が研究され、さまざまな興味深《きょうみぶか》い生態が明らかになっていた。研究の方法は、であうすべてのシャチの写真《しゃしん》、とくにシャチが泳ぐときに海上に見せる、背中と背びれの写真をとることだった。

シャチの背びれは、成長《せいちょう》したオスでは高くそびえ、メスや子どもたちでは、あまり高くならない鎌型《かまがた》だが、オス同士、メス同士のあいだでも一頭一頭すこしずつちがいがある。このちがいを記録《きろく》することで、それぞれのシャチを見わけていったのである。

一頭一頭を見わけながら長く観察できれば、誰《だれ》と誰がいつもいっしょにいるかがわかるようになる。また哺乳類《ほにゅうるい》であるシャチは、生まれた子どもはしばらくのあいだ母親といっしょにすごすから、誰と誰が親子であるかもわかる。

こうして、ぼくがジェフとはじめてあった頃には、海峡に姿を見せるすべてのシャチが見わけられるとともに、家族のつながりも明らかにされていた。と同時《どうじ》に、この海峡にすむシャチが、クジラやイルカなどを襲《おそ》うことはなく、豊かなサケやマスなどの魚類《ぎょるい》だけを食べてくらしていることも、知られるようになっていた。

夜もふけ、ジェフが船を去ろうとするとき、彼はこう話した。

「シャチの子どもたちは、成長しても母親がいる群れにとどまって一生をすごす。ぼくたちは人間の家族《かぞく》のきずなが強いことは知っているけれど、シャチの家族のきずなもそれに負《ま》けないくらい強いんだ。」

写真家《しゃしんか》への道

ジェフの話は、そのときのぼくの興味《きょうみ》を強くひいた。それは、シャチについて新しい知識《ちしき》をえることができたということだけではなく、ぼくが近い将来《しょうらい》に、つとめている会社をやめ、写真家として独立《どくりつ》しようという思いをもって、この旅にでかけてきていたからだった。

プロの写真家への道が簡単《かんたん》でないことは、容易《ようい》に想像《そうぞう》できる。こうすればうまくやっていけるという、きまった方法《ほうほう》などなければ、いくら考えてもすぐに答えがでる問題《もんだい》でもなかった。

また、多くの写真家は、著名《ちょめい》な写真家に師事《しじ》しながら、技術《ぎじゅつ》や仕事のやりかたを学《まな》んでいくものである。そうした経験《けいけん》は、ぼくにはない。

とはいえ、ぼくに勝算《しょうさん》がなかったわけではない。ぼくはそれまで、出版社《しゅっぱんしゃ》で本の編集者《へんしゅうしゃ》として仕事をしていたから、作品《さくひん》を客観的《きゃっかんてき》に見る訓練《くんれん》はしてきていた。また、雑誌《ざっし》や本が出版社や編集者によってどう企画《きかく》され、どう形にされ、どう読者《どくしゃ》のもとにとどくかについて、日常的《にちじょうてき》にかかわってきた。

この経験から考えるなら、まずはひとつのテーマ、これまで他の誰《だれ》もが手をつけていないテーマにしぼって作品づくりをすることだろう。そのひとつとして、カナダ、ジョンストン海峡にすむシャチを、時間をかけて観察《かんさつ》し、記録《きろく》することはできないかと考えての旅だったのである。

この旅のなかでジェフにであったことは、ぼくの決断《けつだん》を早めてくれる結果になった。というのは、そのときにうちとけあった彼といっしょに、この海で観察をつづけることになったからだが、すでに一頭一頭が見わけられているシャチたちなら、そのうちの誰かを中心に観察をすれば、主人公《しゅじんこう》になるシャチのおいたちや家族《かぞく》とのふれあいなど、これまでに知られていない「シャチ物語《ものがたり》」が描《えが》けるかもしれない、と思えたからだ。

これまでシャチは、大きなクジラをも襲《おそ》う「海のギャング」として知られてきた。しかし、この海での研究がはじまってから、シャチが母親を中心にした家族でくらすさまや、母子や兄弟姉妹《きょうだいしまい》のあいだで交《かわ》わされる、ほんとうに仲むつまじい行動が観察されるようになった。

シャチの家族。それぞれにちがう背びれの形から、1頭1頭を見わけることができる。

野生《やせい》のシャチの、家族のつながりを中心にした物語を描くのは、新米《しんまい》の写真家にとっては天からさずかったようなテーマであり、とりくみがいのあるテーマである。こうしてぼくは、ジェフと会った旅から一年半の後、会社をやめ、写真家として独立《どくりつ》することになった。

ニコラ

ぼくが写真家としてこの海峡《かいきょう》で撮影《さつえい》をはじめたとき、物語の主人公《しゅじんこう》に選《えら》んだのは「ニコラ」と名づけられたおばあさんシャチである。彼女は、当時すでに六〇歳で、娘《むすめ》と四頭の孫《まご》たちの、合計六頭の群れですごしていた。

ニコラを主人公に選んだのは、この海峡にすむシャチのなかでも、とりわけニコラの家族が頻繁《ひんぱん》に姿を見せること、そして孫たちの面倒《めんどう》をよく見る、おばあさんぶりにひかれたからだ。

　家族でくらすシャチの赤ちゃんは、生まれて丸一年は母親からおっぱいをもらってすごし、その後徐々《じょじょ》にほかのものも食べるようになっていく。その間、母親にぴったりとよりそってすごす赤ちゃんシャチは、母親がえもののサケを追うときなどには、群れのなかのおばあさんシャチや、おねえさんシャチによりそってすごすことがある。

　おばあさんシャチは、自分が子育《こそだ》てをしてきた経験《けいけん》を群れのなかでいかし、若いメスのシャチは、近い将来《しょうらい》におこなうことになる自分の子育ての練習《れんしゅう》でもするかのように、群れに生《う》まれた赤ちゃんシャチの面倒《めんどう》をよく見る。ベビーシッターとして働《はたら》くのである。なかでもニコラは、孫の面倒見のいいおばあさんシャチで、自分がとらえた一匹のサケを、孫の幼いシャチたちにさしだしたことがあった。

＊

ジェフといっしょにシャチを観察した六年間、彼はぼくにとっての師《し》であり、彼を通してほんとうにさまざまなことを学んだ。

ある日、シャチの家族が海藻《かいそう》の茂《しげ》みの近くで、ぽっかりと体をよせあってうかんでいた。シャチたちは家族同士でたわむれあうだけでなく、それぞれが海面で体を回転《かいてん》させて海藻《かいそう》を体にまきつけたり、茂みのなかをくぐりぬけて、わざと背びれや胸びれに海藻をひっかけて遊んだりしていた。

家族は、それまでにないほどにくつろいでいたようすで、ぼくたちは彼らの団《だん》らんの邪魔《じゃま》をしないように、エンジンをとめたボートを静《しず》かに海面にうかべて観察をつづけていた。

シャチは、ぼくたちのボートがそこにうかんでいることは、まちがいなく気づいていた。ときどき近づいてきては、海面から顔をあげ、ボートの上のぼくたちのようすをうかがった。それでも彼らは、そこから立ち去るようすは見せなかった。

1頭のシャチが海面から体をつきだし、ボートの上のぼくのようすをながめた。

ボートが潮流《ちょうりゅう》に流されないよう、ぼくは海面にたなびく一本の海藻の茎《くき》をとって、ボートにくくりつけた。ジェフが別の一本の茎を手にした茎は途中《とちゅう》で折《お》れて、ボートを固定《こてい》するには役だたなかったけれど、ジェフはその茎《くき》を、ボートの近くにいた一頭の若いシャチにさしだして見せた。若いシャチはそれに興味《きょうみ》を示したのだろう。茎の先を軽くくわえて、噛《か》むそぶりをみせた。そのあとでシャチは、思いもよらない行動を見せた。海藻《かいそう》をくわえる箇所《かしょ》をすこしずらし、ふたたび軽く噛んでみる。そしてふたたび、くわえる箇所をさらにすこしずらして、軽く噛んで見せた。

シャチが海藻の茎を口からはなし、ジェフが手元《てもと》に引きよせたとき、長い海藻の茎には、シャチの歯型《はがた》がいくつかならんでつけられていた。若いシャチが興味を示すだろうと、海藻をさしだしたジェフのアイデアもさることながら、自分のなりの遊びをとっさにあみだしたシャチの知的《ちてき》な能力《のうりょく》にも、ぼくは驚《おどろ》くほかなかった。

こうしてぼくは、ジェフとあってから六年間の夏を、ジョンストン海峡です
ごした。そして、年々成長していくニコラの孫《まご》たちと、年々老《お》いていくニコラと、
それにかわって貫禄《かんろく》をましていくニコラの娘（四頭の孫たちの母親）を、記録
しつづけた。

そのあいだに、海峡《かいきょう》にすむシャチたちのなかには、年老いて死んだものもい
れば、新《あら》たに生まれたものもいる。ニコラの家族にも、やがて変化《へんか》はおとずれた。

一九八八年、それまでの年と同じように、ぼくは夏《なつ》をむかえると、ジョンス
トン海峡にでかけた。そこでぼくを待《ま》っていたのは、前年の秋《あき》からニコラが、
ずっと姿《すがた》を見せていないという知らせだった。ニコラの家族はいままでどおり
海峡に姿を見せたのに、である。

海のなかでむかえるシャチの死は、亡骸《なきがら》が偶然《ぐうぜん》に海岸にうちあげられること
がなければ、人の目にふれる機会《きかい》は少ない。しかし、いつもいっしょにいたニ
コラの家族のなかで、彼女の姿だけがずっと見えないならば、死んだと考えるほ

かはない。

　ぼくが撮影《さつえい》をはじめてからも、ニコラの家族はしばしば海峡に姿を見せてくれたけれど、そこにニコラの姿はなかった。ぼくは、いつもより沈《しず》んだ気持ちで撮影をつづけていた。

新たな家族《かぞく》

　八月に入り、海峡が夏の盛《さか》りを迎《むか》えるころ、ぼくの気持ちを一気に明るくしてくれる出来事《できごと》があった。

　その日も、海峡にニコラの家族が姿を見せ、ジェフとぼくはボートで観察にでかけた。遠くに、見なれた背びれをつらねて泳ぐ家族を見つけ、群れにボートをよせたとき、そのなかにはじめて目にする、小さな赤ちゃんシャチが泳い

ニコラとウィンドサーフィンを楽しんだ頃。彼女の特徴は、背びれの先の切れこみ。

でいるのに気づいた。ニコラの娘が、五番目の赤ちゃんをもったのである。

成長したシャチは、下あごや目の後ろの模様《もよう》がまっ白に見えるけれど、生まれて間《ま》もない赤ちゃんシャチの下あごは、濃《こ》い黄色、あるいは明るい茶色《ちゃいろ》に色づいている。それが徐々《じょじょ》に色あいをうすめながら、二〜三年で白く変《か》わっていく。

家族がそろって海面に姿を見せるとき、母親《ははおや》や兄弟《きょうだい》たちの大きな背のあいだに、小さな背が浮上する。幼いシャチは、呼吸《こきゅう》のたびにロケットのように顔を海面につきだして、まだ茶色《ちゃいろ》がかった下あごや目のうしろの模様《もよう》を見せた。

家族のあいだで懸命《けんめい》に泳ぐ赤ちゃんシャチを見つめながらぼくは、面倒見《めんどうみ》のよかったおばあさんを知らないこの赤ちゃんが、ほかの兄弟たちと同じように、元気《げんき》に育つことを祈《いの》らずにはいられなかった。

ジョンストン海峡には多くのシャチの家族がすんでいるけれど、年老いたもののはいつか死に、新しい命が誕生《たんじょう》する。こうして彼らは、この海峡で昔《むかし》から生きてきたのである。

ぼくは、ニコラの死にあわせ、新しいテーマと撮影場所《さつえいばしょ》をさがすことを考えはじめていた。そして、かぎられた年数ではあれ、この海峡でシャチのひとつの家族のくらしにふれあうことができたことは、ほんとうに幸《しあわ》せなことだと思った。

＊

このあとぼくは別の海へ、別のクジラの撮影にでかけることになるのだが、シャチという動物はいつもぼくの心のなかにあって、写真家《しゃしんか》としてのぼくの創《そう》作意欲《さくいよく》をかきたてつづけてくれている。

そしてジョンストン海峡では、もっと大きなことを学んだ。ぼくは写真家として、目の前におこるすべての出来事を、写真に記録《きろく》できればと思っていた。しかし、闇《やみ》のなかで見た夜光虫《やこうちゅう》の光に飾《かざ》られたシャチの姿のように、けっして写真にとらえることができず、その場にいあわせることでしか経験《けいけん》できない時間や世界があることを知った。

こうした時間や世界観《せかいかん》を、どうすればつたえることができるのか――これはいまでもぼくが、自分自身に問《と》いかけていることだ。

そしてもうひとつ、静寂《せいじゃく》のなかでこそ聞こえる声もあれば、闇のなかでこそ見える光があることも知った。自然のなかではいろいろな疑問《ぎもん》がわきあがってくるけれど、そこでおこっていることや、自分がなにをすべきかについての答えは、声にだしてたずねるよりもむしろ静かに耳をすましてこそ、見つけられることを知ったのである。

夕暮れどきの海峡で。シャチの潮ふきが、沈みゆく太陽をうけて炎のように輝く。

ボートと遊《あそ》ぶクジラ

コククジラの回遊《かいゆう》を追《お》う

夏にカナダ、ジョンストン海峡でシャチの家族とすごしていた頃《ころ》からぼくは、別の季節《きせつ》に別の海で、別のクジラの観察《かんさつ》と撮影《さつえい》をはじめていた。

相手《あいて》はコククジラというクジラで、毎年季節に応《おう》じて、北アメリカ大陸《たいりく》の太《たい》平洋岸《へいようがん》を北から南へ、南から北へと、長い距離《きょり》の回遊をおこなうことが知られている。

彼らは夏には、栄養《えいよう》の豊《ゆた》かな極北《きょくほく》の、ベーリング海や北極海《ほっきょくかい》でたっぷりと餌

——海底にすむエビなどの小生物——をとり、秋になると、アラスカからカナダ、アメリカの太平洋岸にそって、南への回遊をおこなう。

彼らの目的地《もくてきち》は、北アメリカ大陸の太平洋岸で、長い剣《つるぎ》のようにのびたメキシコ、カリフォルニア半島《はんとう》の沿岸《えんがん》である。ここには、いくつかの小さな入り江がつらなっているが、コククジラは冬にこうした入り江にたどりつき、そこで子どもを生み育《そだ》てるのである。

このあたたかくおだやかな入り江で生まれた子クジラは、春までこの入り江で、母クジラからたっぷりとおっぱいをもらって育つ。そして、夏には豊《ゆた》かな餌のある極北《きょくほく》の海へたどりつけるよう、母クジラとともに回遊に旅《たび》だつのである。

コククジラの回遊は、片道《かたみち》で八〇〇〇キロ。こんな大回遊を、彼らは毎年《まいとし》くりかえしている。ぼくは、冬から春先にかけて、コククジラが出産《しゅっさん》と子育《こそだ》てをおこなうカリフォルニア半島沿岸の入り江で撮影をはじめた。

回遊中のコククジラ。頭部や背には、フジツボなどの寄生動物が数多くついている。

この入り江で観察《かんさつ》できる、母子のクジラのきめ細《こま》やかなきずなを撮影《さつえい》するのが、一番の目的だった。しかし同時に、彼らがアメリカやカナダの沿岸にそって回遊をするために、その途上《とじょう》の姿《すがた》を追うことも、将来的《しょうらいてき》には可能《かのう》になるだろう。そんな思惑《おもわく》も頭の片隅《かたすみ》においての撮影だった。

ひとつの場所での撮影や取材《しゅざい》で、ひとつのまとまった成果《せいか》をだせるのは、ありがたいことではある。しかし、そこからどう発展《はってん》させ、さらに大きな物語を描《えが》きだすか。こうした展望《てんぼう》を視野《しや》に入れておくことは、ぼくたち写真家《しゃしんか》の取材にかぎらず、多くの人が自分の仕事のありかたを考えるときには、大切なことだろう。

＊

ロサンゼルスやサンジエゴなど、アメリカ、カリフォルニア州の太平洋岸の町まちで、一二月から一月にかけて海岸にたてば、沖《おき》にいくつもの潮《しお》ふきがあがるのが見える。南のカリフォルニア半島をめざして回遊をつづけるコククジラたちである。

ぼくはこうした季節《きせつ》に、サンジエゴから船にのり、カリフォルニア半島にある入り江まで、コククジラといっしょに航海《こうかい》をすることになった。

カリフォルニア沿岸には、北から豊《ゆた》かな寒流《かんりゅう》カリフォルニア海流が流れている。海の水は栄養分《えいようぶん》のために濃《こ》い緑色《みどりいろ》ににごっているけれど、多くの海洋動物《かいようどうぶつ》があつまる海として知られている。いったん船が外海《そとうみ》にでれば、多くのイルカたちが姿を見せてくれる。そのあいだを、体長一三メートルにたっするコククジラが、南への旅をつづけていた。

イルカたちの来訪《らいほう》

航海中《こうかいちゅう》は、海に何かがあらわれないかと、水平線《すいへいせん》にむけて双眼鏡《そうがんきょう》をのぞいてすごす。海はなぎ、なめらかに広がる海面に影《かげ》をおとして、ときおりカモメが横切《よこぎ》っていく。

あるとき、海面のなかで妙《みょう》に波だつ場所をとらえた。そこだけ、しぶきが白くあがり、海がざわめいて見える。こうした変化《へんか》は、たいていは生きもののしわざだ。

目をこらして双眼鏡《そうがんきょう》をのぞきこむと、波だつ海面のあいだに、いくつもの小さな三角形《さんかくけい》の背びれが見える。マイルカというカリフォルニア沿岸にも多いイルカで、ときに一〇〇〇頭もの大きな群《む》れをつくる。船は、いつの間にか、マイルカの群れに囲《かこ》まれるように進んでいた。

イルカもシャチと同様、口に歯《は》をもつハクジラの仲間で、ときどき海面にでて呼吸《こきゅう》しなければならない。海中からあらわれるときには、最初《さいしょ》に細長《ほそなが》いくちばしが海面からつきだし、そのあとに丸みをおびた背中《せなか》が浮上《ふじょう》する。

同時に、頭の上にある穴《あな》（ぼくたちの鼻の穴にあたる）から古い空気をはきだして、新鮮《しんせん》な空気を吸《す》いこむ。船のまわりでは、イルカたちが息《いき》をはきだすプッという音が、かさなりあって聞こえていた。

マイルカの群れは、大河《たいが》が流れるように移動《いどう》し、船はそのあいだを進んでいた。ぼくは船のへさきにむかった。何頭かのイルカが、へさきについて泳いでいるにちがいないからだ。

へさきから真下《ました》の海面をのぞきこむと、一〇頭近くのイルカが、船を先導《せんどう》するように泳いでいた。彼らはそれぞれが、ジグザグに進みながら、仲間ともつれあったりちらばったりしながら泳いでいく。

イルカたちは波にのるのが好きで、荒《あ》れた海ではサーフィンを楽《たの》しむかのように、大きな波の斜面《しゃめん》を泳ぐことがある。船のへさきでは、船の動きが押《お》しだす波が、彼らの興味《きょうみ》をそそるのだろう。ぼくはへさきから体をのりだして、海面下を軽《かろ》やかに泳ぐイルカたちにむけて、シャッターをきった。

イルカたちも、船上から見おろすぼくに興味をもったのだろう。彼らは泳ぎながら体を横《よこ》だおしにして、上にむけた片方《かたほう》の目でぼくを見あげた。

何がきっかけになるのかわからない。へさきを泳ぐイルカたちが、一瞬《いっしゅん》深みに潜《もぐ》ったかと思うと、二度とそこに戻《もど》ることはなかった。船のまわりを泳ぐ群《む》れも、いつの間にか姿《すがた》を消した。後方《こうほう》をながめると、船が残《のこ》した航跡《こうせき》の先に、遠ざかっていくイルカたちの背びれが見えた。

さまざまなクジラやイルカで経験《けいけん》したことだが、彼らはふいにぼくに興味を示《しめ》して目の前にあらわれたかと思うと、あらわれたときと同じくらい唐突《とうとつ》に、目の前から去っていった。こうしたとらえどころのなさも、ぼくがクジラという動物に夢中《むちゅう》になる理由《りゆう》のひとつだ。

コククジラとの航海《こうかい》

イルカたちが去《さ》ったあとも、船は南にむけて航海をつづけた。あるものは遠く、あるものは近く、まわりの海面にあがる潮ふきは、南にむかうコククジラのものだ。

ふいに「ブオー」と、あたりの大気《たいき》をふるわす音とともに、一頭のクジラが船のすぐ前で潮ふきをあげた。船は速度《そくど》をおとして、船足《ふなあし》をクジラにあわせる。そのとき、潮ふきがつくる白い霧《きり》が船をつつみこんだ。

空気中にただよう細かな水滴《すいてき》を肌《はだ》に感じるとともに、生きもの特有《とくゆう》の生《なま》ぐささが鼻《はな》をついた。ぼくが吸《す》った空気《くうき》は、クジラがはきだした息をふくんでいたのである。

かまえたカメラのレンズは、潮ふきがふくむ細かな水滴でおおわれ、ファインダーのなかの光景《こうけい》が白くかすんで見える。へさきに浮上《ふじょう》したクジラの写真をとろうとしたぼくは、大あわてでレンズについた水滴をきれいにふきとらなければならなかった。

クジラの背は濃《こ》い灰色で、白いまだら模様《もよう》がちらばっている。模様とは別に、体表《たいひょう》についたイボのようなもりあがりは、フジツボの仲間だ。海岸《かいがん》の岩につくフジツボはよく知られるが、クジラの体につくものもある。

その直後《ちょくご》クジラは、潮ふきをあげた穴をいっそう大きく開《ひら》いて、「ヒュー」という音とともに、新鮮《しんせん》な空気を吸いこんだ。そして、海中にゆっくりと沈《しず》んでいく。

しかし、クジラは深く潜《もぐ》ったわけではなかった。海面ごしに、クジラの白いまだら模様や、フジツボの色を見てとることができる。

しばらく海面下を泳いだクジラが、ふたたび浮上して潮ふきをあげる。このときぼくは、レンズを水滴でよごさないよう、あわててカメラをバッグにおさめなければならなかった。

こうしてクジラは、海面下の浅いところを泳いでは、くりかえし浮上して潮ふきをあげた。そして、何度目かに潮ふきをあげたあと、これまで以上に大きく息を吸《す》いこむと、より急な角度《かくど》で潜りはじめた。

潜りゆくクジラは、最後《さいご》に尾びれを海面上に持《も》ちあげていく。ぼくはこのとき、ふたたびカメラをクジラにむけた。

ファインダーのなかで、尾びれから流《なが》れおちる海水が、太陽の光をうけて銀《ぎん》色《いろ》に輝《かがや》くベールをつくりだす。この瞬間《しゅんかん》、ぼくはたてつづけに何回かシャッターを切った。そして、ファインダーから目をはなしたとき、すでにクジラの姿はなく、海面に大きな波紋《はもん》がひとつ広がっていた。

クジラが深く潜れば、一〇分近くは海面に姿《すがた》を見せない。船はふたたびエンジンの音を高めて、先を急ぎはじめた。

船の左手（東方《とうほう》）には、遠く北アメリカ大陸がつらなり、右手にはさえぎるものがなく、茫洋《ぼうよう》と太平洋《たいへいよう》が広がっている。

朝、左手からのぼった太陽は、船の針路《しんろ》を軸《じく》にして頭上《ずじょう》をめぐったあと、西の水平線《すいへいせん》を赤く染《そ》めて沈《しず》んでいく。こうして南への旅をつづけた数日間、ぼくは船をおとずれるイルカやクジラを撮影《さつえい》するひとときをのぞけば、デッキで風に吹《ふ》かれながら、コククジラたちが出産《しゅっさん》と子育《こそだ》てをおこなう入り江で、どんな撮影《さつえい》ができるかを考えていた。

子育《こそだ》ての入り江

南北《なんぼく》一三〇〇キロにわたってのびるカリフォルニア半島の太平洋岸《たいへいようがん》にそって、ほぼ半分を南下《なんか》したときだ。船は速度《そくど》をおとし、むきを変えて、サンイグナシオ湾《わん》

という入り江のなかにはいりはじめた。

アメリカ、サンジエゴの港《みなと》をでたときにくらべれば、ずいぶんあたたかくなった。日ざしも亜熱帯《あねったい》のそれに変わった。

入り江の入り口では、左右から白砂《しらすな》の砂州《さす》がのびている。そのあいだに開けた水路《すいろ》にも、浅《あさ》い場所《ばしょ》があるのだろう、ところどころ白波《しらなみ》がたっている。船は白波《しらなみ》がたつ場所をさけながら、慎重《しんちょう》に入り江のなかへ進んでいく。

砂州《さす》をつくる砂は、太平洋からの風と波が運《はこ》んだものだ。砂州が防波堤《ぼうはてい》になって、その奥《おく》におだやかな入り江をつくっている。

船は入り江のなかほどまで進んで、錨《いかり》をおろした。ここが、これから数日間《すうじつかん》のぼくたちの停泊地《ていはくち》になる。

すでに船のまわりには、いくつもの潮ふきがあがっている。子育てのためにあつまってきたコククジラたちだ。

そこここに、小さな子どもづれのクジラが泳いでいる。子クジラはこの入り江で生まれたばかり。彼らは、極北《きょくほく》の海への大回遊《だいかいゆう》にたえられるように成長する春まで、この入り江ですごすのである。

ぼくはすぐに小さなボートに乗《の》りかえて、観察《かんさつ》にでることにした。

＊

入り江のなかでは、クジラをさがす必要《ひつよう》がないくらい、いたるところで潮ふきがあがっていた。母子のクジラが大小の背をならべて泳いでいく。そのなかでぼくは、一組の母子クジラの近くにボートをうかべて、静《しず》かに観察をはじめた。

母親は眠《ねむ》っているのだろう。ぽっかりと背中を海面にうかべたまま、動く気《け》配《はい》を見せない。呼吸《こきゅう》もまるで寝息《ねいき》のように、何分かに一度、おだやかに潮ふきをあげるだけだ。

一方子クジラのほうは、母親のまわりを泳ぎ、すこしはなれてみては、またすぐ母親に体をよせる。そして、母親の下に潜《もぐ》りこむと、今度はあわてて海面に顔《かお》をのぞかせて、荒々《あらあら》しく呼吸をした。

　子クジラは遊《あそ》びたくてたまらなかったのだろう。そのうちに、海面にうかぶ母親の大きな背に乗《の》りあげると、すべり台《だい》をすべるように海面におちては、また母親の背に乗りあげる遊《あそ》びをくりかえした。

　そのようすは、子イヌや子ネコが親に甘《あま》えるさまや、人間の子どもたちがおかあさんやおとうさんに甘えるさまと何ら変わりない。ぼくは写真《しゃしん》をとるのもほどほどに、幼《おさな》いクジラのあどけない行動《こうどう》を、できるかぎり目にやきつけていた。

　写真家《しゃしんか》は、動物たちのめずらしい行動や心うつ光景《こうけい》を、まずはカメラのファインダーごしに見て、自分の目で見ることを忘《わす》れてしまう。そうすれば、ファインダーの外でおこることには何も気づかない。その場でおこっていることの、何分の一かしか見えなくなってしまうのである。

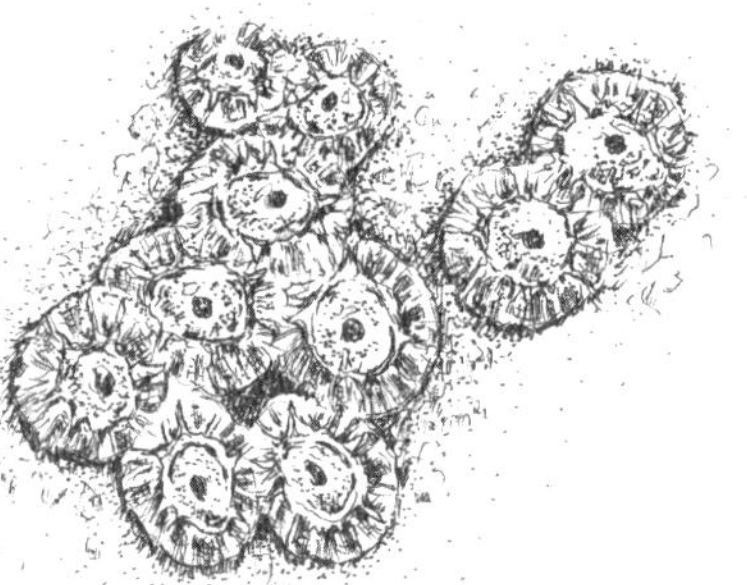

動物がひとつの行動をとるとき、別の場所でおこっている出来事《できごと》がきっかけになっていることも少なくない。ファインダーごしに見ているだけでは、こうしたことにまったく気づかない。ぼくが職業《しょくぎょう》として写真をとるようになってからも心がけていることは、できるかぎり自分の目で観察《かんさつ》しようということである。

ひとしきり子クジラが、母親の体をすべり台にして遊んだときだ。母親の体がふいに海中に沈《しず》んだかと思うと、今度《こんど》は大きく背中《せなか》をもりあげるように浮上《ふじょう》して、いままでにない力強さで潮ふきをあげた。目ざめたのだろう。

子クジラをつれて泳ぎはじめた母親に、ぼくたちのボートもゆっくりとついていく。そのとき母クジラがボートにむきを変えた。そして一直線《いっちょくせん》に近よってきたのである。

親子クジラとの遊《あそ》び

ぼくたちのすぐ横《よこ》に、ボートの三倍近い長さの母クジラの体がうかんだ。背についたフジツボや、皮膚《ひふ》に刻《きざ》まれた傷《きず》のひとつひとつを、はっきりと見てとることができる。

クジラがボートの風上《かざかみ》にいたからだろう。クジラが潮ふきをあげるたびに、ぼくたちは細《こま》かな水滴《すいてき》とともに、生《なま》あたたかさと生ぐささをふくむ空気《くうき》につつまれることになった。

子クジラは母クジラのむこう側《がわ》で、ときどき顔をあげては、小さな潮ふきをあげる。そのたびにぼくは、子クジラが海面から目をのぞかせて、こちらをながめるのを見た。

やがて母クジラはボートに体をよせ、大きな体でボートを押《お》しはじめた。クジラが巨体《きょたい》をよせると、ボートは大きくゆれて最初《さいしょ》は驚《おどろ》かされたが、動きにはおだやかさがあり、クジラがたわむれているだけであることは容易《ようい》に想像《そうぞう》できた。

ボートのうえのぼくたちは大騒《おおさわ》ぎで、写真《しゃしん》をとろうとするものもいれば、舟べりから手をのばしてクジラの背にふれようとするものもいる。母クジラは、人に体にふれられることもいやがらず、ますます夢中《むちゅう》になって、大きな背でボートを押しつづけた。

ふいに母クジラは、海面から頭をあげると、噴気孔《ふんきこう》（潮ふきをあげる穴）をぼくたちにむけて、強く潮ふきをあげた。噴気孔近くの海水が、水しぶきになってはじけちる。

ボート上の全員《ぜんいん》が水しぶきでびしょぬれになりながら歓声《かんせい》をあげると、クジラはわざとそうするかのように、くりかえし潮ふきをぼくたちにふきかけた。ぼくは、クジラにレンズをむけるたびに、潮ふきとともにしぶきをあび、レンズの水滴をぬぐいつづけなければならなかった。

子クジラは、それまで母クジラの陰《かげ》からぼくたちをのぞき見る程度《ていど》だったけれど、すぐに母クジラの遊《あそ》びにくわわった。母親とともにボートに体をよせて、ボートを背で押すのを楽《たの》しみ、手でふれられるのを楽しむようになったのである。

＊

この入り江では何十年も前から、同じように小さなボートで、研究者《けんきゅうしゃ》たちがコククジラの生態《せいたい》を研究《けんきゅう》し、旅行者《りょこうしゃ》たちがホエール・ウォッチングを楽しんできた。この入り江に子育《こそだ》てにあつまってくるクジラたちも、人びとやボートになれ、いつしかクジラが遊びにやってくるようになった。

子どもは、ふるまいを母親から学《まな》ぶものだ。いまぼくたちが目にするように、ボートと遊ぶという行動《こうどう》は子どもにつたえられ、同時《どうじ》にこの入り江で子育てをするクジラたちのあいだに広まっていった。

ボートと遊ぶ親子クジラを撮影《さつえい》しながら、ぼくも片方《かたほう》の手をのばし、クジラ

ボートの上の人びとと遊ぶコククジラ。人が口のなかに手をいれてなでている。

の体にふれてみた。ゴムのような弾力《だんりょく》のある肌《はだ》だが、その奥《おく》に哺乳類《ほにゅうるい》ならではのあたたかさを感《かん》じることができた。

そしてもうひとつ、おもしろい発見《はっけん》をした。子クジラがボートのそばに顔をつきだしたとき、ぼくはふたたび手をさしだして軽《かる》くふれたが、そのとき手がかたい毛《け》にふれるのを感じた。

クジラの祖先《そせん》が大昔《おおむかし》、陸上生活《りくじょうせいかつ》をしていた仲間《なかま》からわかれて、海に生活場所をもとめたとき、体毛《たいもう》を失った。体毛は、あいだに空気《くうき》をふくむことで、冷《つめ》たい外気《がいき》のなかで体温《たいおん》をたもつはたらきをするが、海のなかでは空気をふくませることができない。

いま生きているクジラの仲間では、すべすべの皮膚《ひふ》がむきだしになっている。とはいえ、すべての体毛を失ったわけではなかった。

目の前のコククジラを見ると、上あごや下あごなど顔《かお》のまわりには、まばらだが毛穴《けあな》のような凹《くぼ》みがあり、そこから毛が生えている。それは、クジラがぼくたちと遠《とお》い親戚《しんせき》であることを示《しめ》すあかしのひとつである。

水中撮影《すいちゅうさつえい》

ぼくはひとつ特別《とくべつ》なカメラを、ボートに持《も》ちこんでいた。長さ二メートルほどの棒《ぼう》の先《さき》に水中カメラをつけたもので、棒を舟《ふな》べりから海面下にさしいれることで、海中《かいちゅう》のようすを撮影できるようにしたものである。

水中カメラにはビデオカメラがついていて、水中カメラがとらえる映像《えいぞう》を、手元《てもと》にある小さなテレビ画面《がめん》で確認《かくにん》できるとともに、いい瞬間《しゅんかん》があれば、手元のスイッチで、水中カメラのシャッターを切《き》ることができるようになっている。

この旅《たび》にくる前から、クジラがボートと遊《あそ》ぶために近くにくるかもしれないという話をきいていて、そうした機会《きかい》にクジラの水中でのようすを、写真におさめてみようと考えて用意《ようい》したものだった。

この入り江では、人が海中に入ることは禁止《きんし》されている。海の水がにごっていて、どこからクジラがあらわれるかわからないために、ふいに海のなかででくわすのは危険《きけん》だからだ。それに、クジラにとってもたいせつな海で、彼らを驚《おどろ》かせることがないように、との配慮《はいりょ》もある。ここで水中撮影をしようと思えば、どうしてもこうした道具《どうぐ》が必要《ひつよう》になる。

ぼくは棒《ぼう》の先の水中カメラを舟べりからさし入れ、手元《てもと》のテレビ画面《がめん》のスイッチを入れた。海は緑色《みどりいろ》ににごって、海中にさしこむ光が波《なみ》にゆれるさまが、画面にうつしだされた。

クジラがいる方向《ほうこう》に、カメラをむけてみる。水がにごっているために、細部《さいぶ》はよくわからないけれど、何か黒《くろ》い大きなかたまりがうかんでいるのが見える。それがカメラに近づくにつれて、はっきりとした形をとりはじめた。

次の瞬間《しゅんかん》カメラは、レンズをのぞきこむ子クジラの顔《かお》をしっかりととらえた。

コククジラの顔を水中カメラがとらえた。水はにごって、クジラの胴体は見えない。

ぼくは手元のスイッチを入れて、カメラのシャッターを何枚《なんまい》か切った。

そのあとも、クジラは水中カメラに興味《きょうみ》を示《しめ》したようで、何度もレンズをのぞきこんだ。ときには、クジラがカメラに近すぎて、画面はクジラの体の一部《いちぶ》分《ぶん》でおおわれてしまったけれど、何枚かはクジラの姿が海中ではっきりとわかる写真《しゃしん》をとることができた。

写真家《しゃしんか》として仕事《しごと》をするようになって、ぼくはひとつの被写体《ひしゃたい》を、できるだけさまざまな距離《きょり》、さまざまな角度《かくど》から見ることが必要《ひつよう》だと強《つよ》く感じていた。

とろうとする被写体《ひしゃたい》を、ただ自分が立った状態での視線《しせん》で見るのではなく、すわりこんで視線を低《ひく》くすればどう見えるか、ときには寝《ね》ころぶほどに自分が低くなればどう見えるかを、いつも考えるようになった。

さらには、もっと高《たか》いところに行けるのであれば、見おろすようにも見てみたいし、相手《あいて》が水中にいるなら、水面下《すいめんか》でのようすも見てみたい。さまざまな角度から相手をながめることで、被写体のほんとうの姿がうきぼりにされるはずだ。

このことは、写真家《しゃしんか》だけにかぎらない。社会《しゃかい》のなかのものごとを、できるかぎりさまざまな角度からながめてみる。そうすることで、偏見《へんけん》や先入観《せんにゅうかん》にとらわれることなく、ほんとうの理解《りかい》に近《ちか》づけるのだろう。

クジラという、海ですむ動物のほんとうの姿《すがた》を知ろうと思うなら、水中での撮影《さつえい》はどうしても必要になる。しかし、潜《もぐ》ることが許《ゆる》されないならばどうするか。そのときにだしたぼくなりの答えが、棒《ぼう》の先にカメラをつけて、海中《かいちゅう》にさしいれるというものだったのである。

ボートを気づかうクジラ

ボートと遊《あそ》ぶ母子《ははこ》のクジラは、ますます夢中《むちゅう》になっていくように思えた。ぼくたちの歓声《かんせい》が、クジラの母子をいっそうおもしろがらせたようだ。クジラは体でボートを押《お》すだけでなく、やがて下に潜りこんで背でボートを持《も》ちあげようとした。

もし母クジラが力いっぱいにボートを持ちあげれば、ボートは簡単《かんたん》に転覆《てんぷく》しただろう。しかし、ぼくたちが安心《あんしん》できたのは、クジラがぼくたちのようすをたしかに見ていて、危険《きけん》と思えるほどにははげしい動《うご》きをとらなかったからだ。背でボートを持ちあげたときも、ゆっくりと沈《しず》みこんでボートをおだやかに海面にもどした。

昔《むかし》、この海で捕鯨《ほげい》がさかんにおこなわれたとき、コククジラは「デビルフィッシュ」（悪魔《あくま》の魚）と呼《よ》ばれた。子クジラから引きはなされたり、子クジラが捕《と》られそうになったとき、母クジラがはげしい動きを見せたため、クジラ捕りたちのボートが、ひっくりかえさりたりこわされたりしたからだ。

しかし、考えてみれば、人間こそクジラたちにとって「悪魔」だっただろう。

サンイグナシオ湾で、コククジラの群れのあいだにボートをうかべて観察する。

子どもを捕獲《ほかく》された母クジラがあばれたとしても、クジラにとってはささやかな抵抗《ていこう》でしかなかったはずだ（コククジラは一九四六年から完全《かんぜん》に保護《ほご》されている）。

いまぼくたちのボートと遊ぶクジラは、まったく別の表情《ひょうじょう》を見せている。ホエール・ウォッチングがさかんにおこなわれるようになって、ボートを操縦《そうじゅう》する人間が、クジラの行動《こうどう》を正しく理解《りかい》し、ボートが母クジラと子クジラのあいだに分けいることがないように、注意《ちゅうい》していることもたしかだ。

あるときには、母クジラがボートのそばで潜《もぐ》ろうとして、ふいに尾びれを海面《かいめん》高く持ちあげた。もしもそのまま尾びれがふりおろされれば、ボートやボートの上の人にぶつかったかもしれない。しかし、母クジラは尾びれをねじるようにして、うまくボートをよけて潜ったのである。体長一三メートルのクジラが、尾びれの先まで意識《いしき》を働《はたら》かせていた。

こうして、どれくらいクジラの親子と遊んでいただろう。もう一組の親子クジラがあらわれて、結局《けっきょく》ボートは四頭のクジラにかこまれ、交互《こうご》に持ちあげられることになった。そのとき、ぼくたちは全身《ぜんしん》びしょぬれになり、歓声《かんせい》をあげすぎて声さえかれたほどだ。

太陽《たいよう》はいつの間《ま》にか西に傾《かたむ》き、船に帰《かえ》る時間が近づいていた。ぼくは最後《さいご》に舟《ふな》べりから手をのばして、クジラの体にふれた。ゴムのようでありながら、その内側《うちがわ》に体温《たいおん》のぬくもりを感じることができる。

そのとき母クジラが、海面で大きく口をあけた。口のなかにかさなりあってならぶヒゲ板《いた》が見える。コククジラは、内側がブラシのようになったヒゲ板で、海底にすむさまざまな生物《せいぶつ》を、海水《かいすい》や泥《どろ》からこしとって食《た》べている。

ぼくが口のなかに手をさしいれても、クジラはいっこうにいやがるそぶりを見せない。それどころか、口の内側をなでると、せがむようにいっそう大きく口を開《ひら》いてみせた。

ぼくは、口のなかのすべすべの皮膚《ひふ》と、プラスチックのようなヒゲ板の感触《かんしょく》を楽しみながら、海で生きる野生《やせい》のクジラが、これほどまでに人がふれるのを許《ゆる》すことに、新鮮《しんせん》な驚《おどろ》きを感じていた。

船に帰らなければならない時間になった。クジラがすぐそばにいるために、注意してエンジンをかけ、ゆっくりとボートを動かしはじめる。

二組の親子クジラとの別《わか》れはおしかったけれど、クジラもまた同じように感じたのかもしれない。走《はし》りはじめたボートについて泳ぎはじめる。ボートが速《そく》度《ど》をあげると、クジラたちも泳ぎを速めてつきしたがった。

しかし、ようやくあきらめたのだろう。ふと泳ぎをゆるめ、二組の親子はそれぞれ別《べつ》の方向に泳ぎはじめた。ぼくは、赤く染《そ》まりはじめた空を背景《はいけい》にあがる潮ふきをながめながら、この日の午後《ごご》、彼らとすごした何時間かの出来事《できごと》を思いおこしていた。

サンイグナシオ湾をコククジラの親子が、大小の背中をならべて泳ぐ。

クジラの心にふれる

ぼくは幼《おさな》い頃《ころ》から、クジラという動物に不思議《ふしぎ》なあこがれをいだいていた。ぼくたちと同じ哺乳類《ほにゅうるい》でありながら、一生を海のなかですごす謎《なぞ》に満《み》ちたくらしと、その巨大《きょだい》さがぼくの心をとらえていた。

海を泳ぐクジラを目にするのは、世界の各地《かくち》でホエール・ウォッチングがさかんになったいま、いろいろな方法《ほうほう》があるけれど、ぼくが子どもの頃《ころ》、それどころか学生の頃には、まったく無理《むり》なことと考えらえていた。

以前《いぜん》はクジラの研究《けんきゅう》といえば、大きな捕鯨船《ほげいせん》に乗《の》って、はるか南極海《なんきょくかい》にでかけるものときまっていた。ジェフのようなやりかたで、クジラやシャチの研究ができるとは誰《だれ》もが思わなかった。

ぼくが就職《しゅうしょく》をして、最初《さいしょ》の冬にハワイに旅行《りょこう》をしたときだ。町中《まちじゅう》に、「クジラの観察《かんさつ》にでかけませんか」と、観光客《かんこうきゃく》をホエール・ウォッチングにさそう色とりどりの看板《かんばん》やポスターが、いたるところに飾《かざ》られていた。乗船《じょうせん》してみると、船が港《みなと》からでればすぐに、クジラが姿を見せる。

見ることができたのはザトウクジラで、このクジラもコククジラと同じように、季節《きせつ》に応《おう》じて長い距離《きょり》の回遊《かいゆう》をすることが知られている。夏《なつ》には、北方《ほっぽう》のアラスカ沿岸《えんがん》の豊《ゆた》かな海でたっぷりと餌《えさ》をとってすごし、冬《ふゆ》から春先《はるさき》にかけて、ハワイ周辺《しゅうへん》のあたたかでおだやかな海で子どもをうみ育《そだ》てる。ぼくがでかけた冬休《ふゆやす》みは、ザトウクジラが出産《しゅっさん》と子育てのために回遊してくる時期《じき》にあたっていたのだった。

このときぼくは、子どもの頃からの夢《ゆめ》が、これほど簡単《かんたん》にかなっていいのかと思ったほどだ。と同時《どうじ》に、こうした海でなら、自分自身《じぶんじしん》でもゆっくりと、クジラの観察《かんさつ》や撮影《さつえい》ができるのではないか、と思った。

こうして、ぼくは会社の仕事《しごと》をしながら、世界でクジラの研究をする人たちと知りあいになりながら、観察や撮影をつづけてきたのである。

ザトウクジラの母親が背中で子どもを海面に押しあげ、呼吸をたすけようとしている。

ハワイの海で、はじめてザトウクジラ――体長《たいちょう》一五メートル、体重《たいじゅう》四〇トンになる――にであったとき、ぼくは近くで見るその大きさに驚《おどろ》き、魅《み》せられた。船のそばで体をうかべたときには、その背中《せなか》はほんとうに小山《こやま》のように見えたものだ。

しかし、ジョンストン海峡《かいきょう》でニコラの家族《かぞく》を長く観察し、サンイグナシオ湾《わん》でボートと遊《あそ》ぶコククジラの親子とふれあうようになって、ぼくのクジラを見る目は徐々《じょじょ》に変わっていった。

ぼくは、クジラたちが親子や家族のあいだでほんとうに細《こま》やかなふるまいを見せること、そしてときに彼らが、まったく見知《みし》らぬぼくという人間に、ひとときではあっても興味《きょうみ》を示していっしょに遊んでくれる、彼らの心のありようにひかれるようになっていた。

同時にぼくは、自分自身のクジラとの接《せっ》しかたが変わりはじめていることにも気づいた。これまでなら、何とかしてクジラに近づきたいと思い、ボートを接近《せっきん》させることも少なくなかった。しかし、こうして目にすることができたのは、彼らが接近するボートをさけるように、遠《とお》ざかる後姿《うしろすがた》でしかなかった。

やがてぼくは、クジラがいる海にボートを進めたあとは、ボートをとめ、ゆっくりとクジラのようすを観察《かんさつ》することが多くなっていった。ときには何日間も、一枚も写真《しゃしん》をとらない日もあった。

三週間《さんしゅうかん》にわたって、ただボートをうかべつづけた海もある。これは、会社につとめていれば、できないことだった。

しかし、クジラはクジラで、自分たちがくらす海に毎日うかぶボートに気づいていた。そしてあるひととき、彼らは心を許《ゆる》したようにボートに体をよせ、ぼくとの遊びを楽《たの》しんだのである。

こうした機会《きかい》に撮影されるのは、ぼくにむかって体をうかべ、くったくのない視線《しせん》をぼくになげかける写真である。これこそが、ぼくがとりたかった写真だった。こうした写真を撮影するためには、ぼく自身《じしん》が焦《あせ》ったり追いかけたりするのではなく、ぼくがそこいることをクジラが許してくれるまで、じっくりと時間をかけておだやかに接《せっ》しなければならないことを、あらためて学んだのである。

尾びれを失ったクジラ

メキシコ、サンイグナシオ湾に滞在《たいざい》するあいだ、ぼくたちのボートは何度《なんど》も、母子クジラの訪問《ほうもん》をうけ、そのたびに熱中《ねっちゅう》してすごした。そしてもうひとつ、忘《わす》れられないであいがあった。

ゆっくりと泳ぐコククジラについて、ボートを走らせているときだった。クジラはゆるやかに潜《もぐ》って海面下《かいめんか》を泳ぐと、海面にあらわれて潮ふきをあげる。

これを何度かくりかえしたあと、背を大きく海面にもりあげた。これは、クジラが深《ふか》く潜るときに見せる姿勢《しせい》で、最後《さいご》に尾びれを海面に持《も》ちあげて、一気《いっき》に潜っていくのが常《つね》だ。

海上《かいじょう》に持ちあげられる尾びれから、海水が銀色《ぎんいろ》に輝《かがや》きながら流《なが》れおちる光景《こうけい》は、いつ見ても美《うつく》しいものだ。ぼくはその瞬間《しゅんかん》を撮影しようと、カメラをクジラにむけてかまえた。

しかし、その直後《ちょくご》目にした光景に、ぼくは言葉《ことば》を失《うしな》った。クジラの胴体《どうたい》は、尾びれの手前《てまえ》で断《た》ち切られ、そこに尾びれはなかった。船との衝突事故《しょうとつじこ》か、漁業《ぎょぎょう》のためのロープか何かがからんで、失ったのかもしれない。ぼくの目に、クジラの胴体《どうたい》の、肉《にく》色《いろ》を見せた切断面《せつだんめん》のさまだけが、強《つよ》くやきつけられた。

傷《きず》は新しいものではなかった。クジラはだいぶ前にその傷を負《お》い、それでも生きのびてこの入り江にたどりついたのだろう。そのクジラが泳ぐさまは、すくなくとも

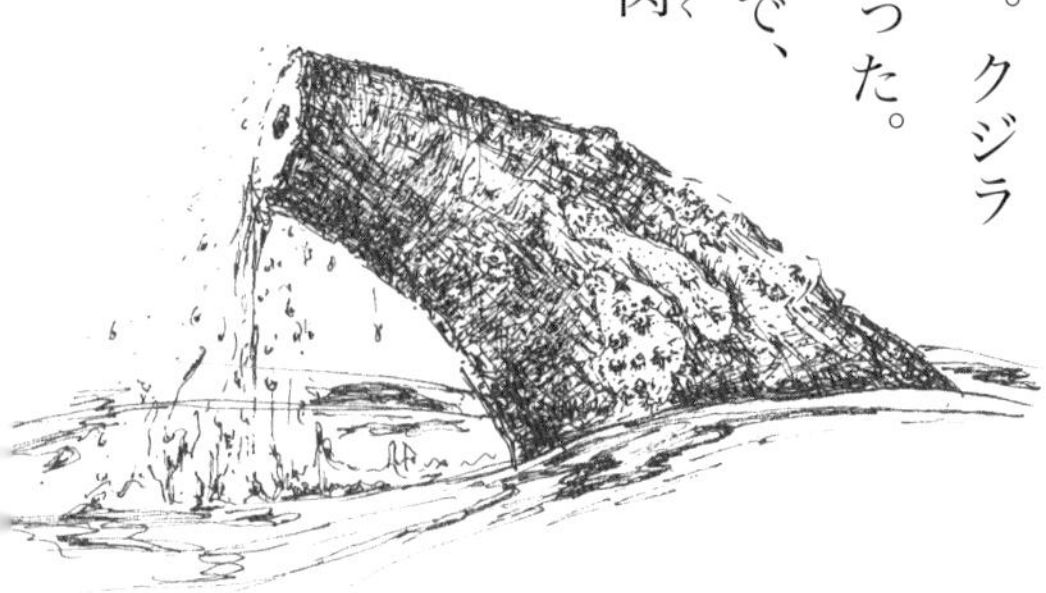

海面から見るかぎり、尾びれをもたないことに気づかないほどに滑《なめ》らかなものだった。

しかし、ほんとうの驚《おどろ》きはそれだけではなかった。数年後《すうねんご》、ぼくは同じ季節《きせつ》に、ふたたびサンイグナシオ湾《わん》をたずねていた。そのとき、同じように尾びれを持たないクジラが、小さな子クジラをつれて泳いでいるのを見た。

同じクジラかどうかはわからない。しかし、そのクジラの傷《きず》も、新しいものではなかった。このクジラもまた、尾びれがないままで長い回遊《かいゆう》をやりとげ、赤ちゃんまで持ったのである。

そのときぼくは、動物《どうぶつ》たちがほんとうに生きようとするときには、それをささえてくれる思いもよらない力がそなわっている、と信じるしかなかった。そして、そのことはぼくたち自身についても同じだろうと、ごく自然《しぜん》に思えたものだ。と同時に、自分が動物をとる写真家《しゃしんか》として何を、どんな姿勢でつたえていくべきかについて、このときはっきりとした答《こたえ》をえたような気がした。

マッコウクジラと泳ぐ

アゾレス諸島《しょとう》へ

クジラを撮影《さつえい》するようになって一〇年以上がたったときだ。どうしても近くで観察《かんさつ》したいクジラがいた。

マッコウクジラだ。水深《すいしん》一〇〇〇メートルもの深海《しんかい》に潜《もぐ》り、巨大《きょだい》なダイオウイカを食《た》べると聞く謎《なぞ》に満《み》ちた生態は、クジラという動物にあこがれた少年時代から、ぼくの心をとらえつづけていた。そして、ほかの多くのクジラと間近《まぢか》に接《せっ》することができるようになっても、マッコウクジラは、ぼくが近づくこと

を許《ゆる》さなかった。

北大西洋《きたたいせいよう》のまっただなかにうかぶアゾレス諸島のまわりに、マッコウクジラの群《む》れがすむと知ったのは、そこで調査《ちょうさ》をつづける研究者《けんきゅうしゃ》からだった。

一九九六年、ぼくは夏にむけて海がなぎはじめる六月中旬《ちゅうじゅん》に、アゾレス諸島（ポルトガル領《りょう》）におりたった。九つの島があつまったアゾレス諸島は、火山《かざん》活動《かつどう》によってできた島で、周囲《しゅうい》は深さ一〇〇〇メートルをこえる深海《しんかい》にかこまれている。そのために、マッコウクジラなど深くまで潜る外洋《がいよう》の動物が、島の海岸《かいがん》近くまでやってくる。

ぼくは島のひとつ、サンミゲル島にあるポンタデルガダ港《こう》に停泊《ていはく》する友人の船《ふね》に乗《の》りこんだ。二週間にわたり、マッコウクジラの多い海域《かいいき》にこの船を走らせながら、撮影しようという計画《けいかく》である。

沖《おき》にでて最初《さいしょ》におこなうのは、水中マイクを海中《かいちゅう》に沈《しず》めることだ。マッコウクジラは、太陽《たいよう》の光がとどかない深海でえものをさがすとき、「カチカチ」という音《おと》を発《はっ》し、それがイカなどにあたってはねかえってくる音を聞くことで、その位置《いち》を知る。海面近くでも聞こえるこの音を、とらえようというわけだ。

マッコウクジラは十数頭から数十頭の群れをつくるが、えものをとるときには、群れはちらばり、一頭一頭がそれぞれに深海《しんかい》に潜《もぐ》っていく。海中で「カチカチ」という音がひびいていれば、深海で食事中《しょくじちゅう》のクジラがいることはもちろん、まわりの海上《かいじょう》にも仲間《なかま》のクジラがいると考えていい。

海を広く移動《いどう》しながら、何度《なんど》か水中マイクを沈《しず》めるうちに、波音《なみおと》にまじってかすかに「カチカチ」という音をとらえた。さらに、さまざまな方向《ほうこう》に船を進《すす》めて水中の音を聞《き》いてみると、「カチカチ」という音が遠《とお》ざかったり近づいたりする。こうして、クジラがいる場所《ばしょ》に船を近づけていく。

海中《かいちゅう》にひびく声が、ずいぶん近くに聞こえるようになったときだ。ふいに前《ぜん》方《ぽう》にクジラの潮《しお》ふきがあがるのを見た。多くのクジラの潮ふきが真上《まうえ》にあがるのに対して、マッコウクジラの潮ふきは斜《なな》め四五度くらいにあがるので、見まちがえることはない。噴気孔《ふんきこう》（潮ふきをあげる穴）が、体の中心《ちゅうしん》から左側《ひだりがわ》に大きくずれてついているからだ。

船をゆっくり接近《せっきん》させながら、海上で観察《かんさつ》をおこなう。マッコウクジラが海面にうかぶさまは、まるで一本の流木《りゅうぼく》がうかんでいるかに見える。一方の端《はし》は丸《まる》みをおびた頭部《とうぶ》、もう一方の端はこぶのような背《せ》びれで、背びれの後方《こうほう》から尾びれまでは、海中《かいちゅう》にあって船上からは見えない。

何度《なんど》も潮ふきをくりかえしていたクジラは、船が二〇〇メートルほどの距離《きょり》に近づいたとき、尾びれを海面にあげて深く潜《もぐ》っていった。マッコウクジラが深く潜ったときには、四〇分～一時間近くは海面に姿《すがた》を見せない。

しかし、群《む》れでくらすマッコウクジラは、一頭でも目にすることができれば、群れの仲間《なかま》が近くにいるはずだ。まわりの水平線《すいへいせん》に目を走らせると、いくつか

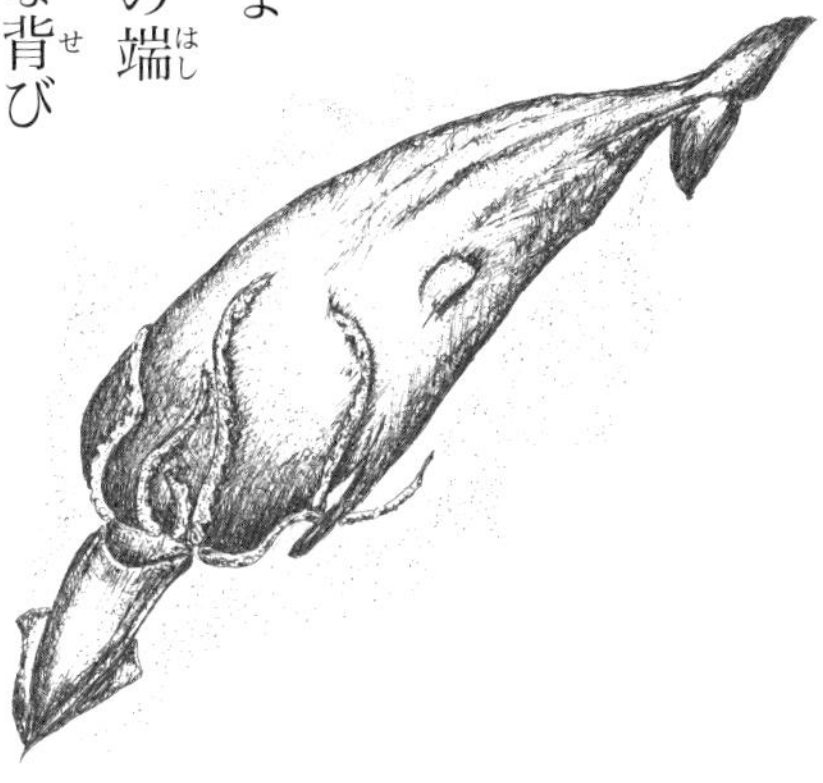

の潮ふきがあがるのが見えた。

別《べつ》のクジラにに船を近づけてみても、船が一〇〇〜二〇〇メートルの距離《きょり》に近づくと、クジラは尾びれを海面にあげて深く潜っていった。

水中でのであい

望遠《ぼうえん》レンズを使えば海上ではすこしずつ撮影《さつえい》できるようになったけれど、水《すい》中撮影《ちゅうさつえい》はむずかしい。水中は空気中にくらべて、視界《しかい》はきかない。水中ではっきりとした写真を撮影しようと思えば、クジラから三〜四メートルの距離《きょり》に近づかなければならない。

どうすれば水中で観察《かんさつ》や撮影ができるかを、ぼくは研究者《けんきゅうしゃ》と相談《そうだん》した。マッコウクジラは、驚《おどろ》かされたり邪魔《じゃま》されたりしないかぎり、海面にぽっかりとうかんだまま、長い時間《じかん》をすごすことがある。

人が息《いき》こらえをするときには、肺《はい》のなかにある酸素《さんそ》と、血液《けつえき》のなかにあるヘモグロビンというタンパク質がためこんでくれる酸素を利用《りよう》する。一方《いっぽう》、クジラの仲間は、それに加えて、筋肉《きんにく》のなかにあるミオグロビンというタンパク質がたっぷりとためこんでくれる酸素が利用できる。そのためにクジラは、人にくらべればはるかに長い時間、海中に潜ることができるのである。

しかし、長く潜ったあとに浮上《ふじょう》したマッコウクジラは、次《つぎ》の潜水《せんすい》にむけて、血液のなかのヘモグロビンに新しい酸素を満《み》たすだけでなく、筋肉のなかのミオグロビンにも、新《あたら》しい酸素をためこまなければならない。そのためにマッコウクジラは他のクジラ以上に、海面で長く呼吸《こきゅう》をくりかえす。

この時間、クジラを驚かせることなく接近《せっきん》することができれば、海中でその姿を観察《かんさつ》することができるかもしれない。ぼくはエンジン音をたてる船《ふね》で近《ちか》づくのをあきらめ、船は遠くにとめて、そこからできるだけ水音《みずおと》をたてないよう、静《しず》かに泳いで近づくという方法をとることにした。

海面で休むクジラを発見《はっけん》すると、二〇〇～三〇〇メートルほどはなれたところで船をとめて、エンジンを切る。ぼくは足ヒレと水中マスク、スノーケルだけをつけて、静かに海にすべりこんだ。

動きをすこしでも軽《かる》くするために、ウェットスーツは着《き》ない。水に入った瞬《しゅん》間《かん》は肌寒《はだざむ》く感じたが、クジラにむかって泳ぎはじめたときには、寒ささえ感じなくなっていた。

*

アゾレス諸島《しょとう》のまわりは、海がないではいても、外洋《がいよう》のゆったりとしたうねりがわたっていく。うねりの山が海面にうかぶぼくを持《も》ちあげると、視界《しかい》は大きく開《ひら》け、うねりの谷に入りこむと、まわりは水の壁《かべ》にさえぎられて、何も見えなくなってしまう。

ぼくはうねりの山に持ちあげられるたびに、水面から顔をあげてクジラの位《い》置《ち》をたしかめながら泳いだ。しかし、何度《なんど》かは、ぼくが泳ぎだしてまもなく、船長《せんちょう》が船上から「戻《もど》れ」という合図《あいず》をしてみせた。人間が泳ぐのはじつに遅《おそ》く、その間にクジラは体に酸素《さんそ》を満《み》たして、次の潜水《せんすい》に移《うつ》ってしまうのである。

それでも、何度か試《こころ》みるうちに、この作戦《さくせん》は効《こう》をそうした。

足ヒレで水をけるときに、できるかぎり水音をたてないように注意《ちゅうい》をしながら、海面で潮ふきをくりかえすクジラにむけて泳いでいく。空気中にくらべて水中は視界《しかい》が悪いから、海面から顔《かお》をあげたときにはすぐ近くに見えるクジラが、水中ではにごりのためになかなか見えない。やがてうっすらと、黒《くろ》いかたまりがにごりのむこうにうかびあがってくる。

そこからさらに、水音をたてないように細心《さいしん》の注意《ちゅうい》をはらいながら泳いで、クジラの体の細《こま》かな皮膚感《ひふかん》さえわかるとこ

ろまで近づくことができた。目の前に、巨大《きょだい》なマッコウクジラがぽっかりとうかんでいる。ぼくは自分の鼓動《こどう》が高まるのを感じながら、鼓動の音がクジラをおこしてしまうのではないかと心配したほどだ。

問題《もんだい》は、写真《しゃしん》をとるときで、まちがいなくシャッター音がひびく。しかし、そこまで接近しながら、写真をとらないわけにはいかない。

ファインダーをのぞき、静かにシャッターを押《お》す。海中に「カシャ」という機械音がひびく。その瞬間《しゅんかん》、クジラは目ざめ、巨体《きょたい》に似合わないすばやさで一気に潜っていった。

ぼくは、はじめてマッコウクジラの姿を間近《まぢか》でとらえたことに満足しながらも、一方で心の底《そこ》に、わだかまりのようなものを感じていた。クジラに近づくことができたのは、クジラが気づかなかっただけで、ぼくが歓迎《かんげい》されない訪問《ほうもん》者《しゃ》であることに変わりなかったからだ。

もし、クジラが深海《しんかい》での餌《えさ》とりから海面にもどったばかりで、体のなかに十分な酸素《さんそ》をいきわたらせなければならないときであったなら、クジラはぼくをさけるためだけに、あえて潜ったことになる。それ以降、ぼくはちがう接近《せっきん》の方法を考えはじめた。

群《む》れのきずな

マッコウクジラは血《ち》のつながりのあるメス同士《どうし》が、きずなの強《つよ》い群れをつくる。群れのクジラたちは、深海にもぐって餌をとるときこそちらばってすごすが、休息《きゅうそく》をしたり遊《あそ》んだりするときには、密集《みっしゅう》した群れをつくる。長い時間、海面《かいめん》にあつまって体をよせあったり、もつれあったりしてきずなを強めるのである。

ぼくがアゾレス諸島《しょとう》に滞在《たいざい》するあいだ、こうした群れに何度かであった。仲《なか》間《ま》同士で体をよせあい、ふれあってすごすとき、クジラたちは夢中《むちゅう》になるようで、海面でたわむれながら船に近づいてくることもあった。

こうした瞬間《しゅんかん》なら、クジラはぼくが近くにいることを許《ゆる》してくれるのではないか。そう考えて、クジラが海面でかたまってすごす機会《きかい》をとらえて、船をゆっくりとよせてみた。

クジラたちはほんとうにくつろいでいるようすで、近くに船がうかんでいることには気づいていたが、いつものように泳ぎさることはなかった。

船のようすをうかがっているのだろう。船のまわりに、何頭《なんとう》かの丸い頭がうかんだ。昔《むかし》の船乗《ふなの》りたちが「海坊主《うみぼうず》」と呼《よ》んだのは、ひょっとすれば船に興味をもったマッコウクジラではなかったか、とぼくは思った。

クジラたちは、船からわずか数十メートルの海面にうかび、体をよせあって密集《みっしゅう》したかたまりをつくっている。ぼくはふたたび足ヒレと水中マスク、スノーケルをつけて、海のなかに体をすべりこませた。

「海坊主」を思わせる姿で、丸い頭部を海面にうかべるマッコウクジラたち。

クジラの群れにむけてわずかに泳ぐだけで、にごりのむこうにいくつもの黒い影が見えた。群れのなかには子クジラもまじっている。

ぼくがもう一歩近づこうとしたときだ。ぼくに気づいた子クジラが泳ぎより、ぼくのようすをたしかめるように目の前で体をひるがえして、ふたたび群れのなかにもどった。

その時点《じてん》で、群れのクジラたちは誰《だれ》もが、ぼくがそこにいることを知ったはずだ。海中にひびく、「カチンカチン」とガラスを打ちあうような音は、水のむこうからぼくのようすをさぐるために、クジラが発《はっ》する声だ。近くから発せられる声は、ぼくの体をつらぬくほどに強い。

しかし、クジラは泳ぎさることなく、そこにとどまったまま仲間同士で体をよせあったり、もつれあったりしてすごした。ぼくはさらに近づきたかったけれど、クジラたちは家族《かぞく》の団《だん》らん中で、部外者《ぶがいしゃ》のぼくがずけずけと近よるわけにはいかない。

全部《ぜんぶ》で一〇頭ほど、そのうちの一頭がずいぶん小さい。この子クジラが二度、三度ぼくのようすを見にきては、群れのなかにもどった。

ぼくはこのときまで、写真《しゃしん》をとることをためらっていた。シャッター音をきらうクジラたちが、泳ぎ去ってしまうことを恐《おそ》れたからだ。

ぼくは群れ全員が見えるあたりで海面にうかんだまま、できるかぎり水音《みずおと》をたてないように、観察《かんさつ》をつづけていた。そして、このときに一度、シャッターを切った。

「カシャ」というシャッターの音が、たしかに水のなかにひびいた。しかし、クジラたちに変化《へんか》は見えない。若いクジラたちは、おしくらまんじゅうでもするかのように、団子《だんご》になって遊んでいる。

それでもぼくはできるかぎり動きをとめ、一回一回のシャッター音をひびかせるたびに、クジラの動きに変化がないかをたしかめながら写真を撮影した。

群れの仲間になる

このとき、新《あら》たにカメラに入れてきたフィルム一本分を撮影しおえた。それでもクジラたちはぼくの目の前で、かたまりになって、海面にうかんだままたわむれあっている。ぼくは船にもどってフィルムを交換《こうかん》しようかと考えたけれど、この場からはなれるのがおしくて、写真をとるのをあきらめ、自分の目で観察をつづけることにした。

以前なら、考えられなかった状況《じょうきょう》である。それまでまったく近づくことができなかったマッコウクジラの群れを、いま目の前でながめていること自体が驚《おどろ》きだった。一方で人にこの話をすれば、よくのみこまれなかったものだと、驚かれるだろう。

やがてクジラたちはゆっくりと泳ぎはじめた。しかし、急《いそ》ぐようすはなく、仲間同士が体をふれあいながら泳いでいく。興味深《きょうみぶか》いのは、子クジラに対する

そこにぼくがいることを知りながら、海面でくつろぐマッコウクジラ。

大人のクジラたちのふるまいで、かわるがわる子クジラのそばを泳いで、まるであやすようにヒレや体の一部でふれていった。

ぼくもついて泳ぎはじめた。マッコウクジラがほんとうに泳ぎはじめれば、人がついて泳ぐことなど無理《むり》だ。しかしクジラたちは、ぼくがついて泳ぐことができる速《はや》さをたもっている。

ここで驚くべきことがおこった。まるで子クジラに体をよせるのと同じように、それぞれのクジラがぼくに体をよせて泳いだのである。

ぼくが海中にはいってから、すでに三〇分くらいはすぎているだろう。その間クジラたちは、ぼくの存在《そんざい》を知りながら、目の前で家族《かぞく》の団《だん》らんを見せてくれた。そしていまは、ぼくを仲間のようにあつかいながら、海のなかをいっしょに泳いでいた。

ぼくのまわりを、一〇頭のマッコウクジラが流《なが》れるように泳いでいく。ぼくは、この光景《こうけい》は夢《ゆめ》ではないかと思いながら、懸命《けんめい》に足ヒレで水をけってクジラたちについて泳いでいた。

一頭の、群れのなかでもっとも大きなクジラが。ふいに体をひねるようにして、ぼくに頭をむけた。「カチンカチン」という音が強《つよ》く海中にひびいた。このときになって、ふたたびクジラはぼくのようすをたしかめたのだろう。

この瞬間《しゅんかん》、クジラの群れは泳ぎを速めた。群れはぐんぐんとぼくを引きはなし、水のにごりのむこうに消えていく。ぼくがそれ以上泳ぐのをあきらめて、海面にうかぶと、クジラたちの尾びれがつくった水の渦《うず》が、ぼくの体をゆらしていった。

それでもマッコウクジラの群れは、ひとときのあいだ、ぼくを自分たちの群れのなかにまねきいれてくれたのである。もしも彼ら自身、このときのことを思いかえすことがあるならば、自分たちが何をしていたのか戸惑《とまど》ったかもしれないと思う。

ぼくの夢のような時間は、こうして最初に撮影《さつえい》したフィルム一本と、ぼくの記憶《きおく》だけを残しておわった。

誕生《たんじょう》にたちあう

ある日朝から八頭のマッコウクジラが、緊密《きんみつ》にかたまって泳いでいた。その日、群れがふだんとはちがう雰囲気《ふんいき》をただよわせている。どこがどうちがうか、説明《せつめい》するのはむずかしい。しかし、明らかにふだんとちがうのは、クジラの群れのまわりに、多くのイルカやゴンドウクジラ類の姿が、やけに目についたことだ。他のマッコウクジラの潮ふきも、遠くであがっている。

何がきっかけになったのかはわからない。まわりにいたほかのマッコウクジラたちが、最初の群れにむけて、ふいにあつまりはじめた。

またたく間に二〇頭ほどになったクジラの群れは、一方向《いちほうこう》に泳ぐのではなく、

体をよせあって泳ぐ８頭のマッコウクジラの群れ。この群れに赤ちゃんが誕生した。

まるで行列《ぎょうれつ》をなすかのように、あたりの海面を泳ぎまわる。このときのようすは「ねり歩く」という表現《ひょうげん》がふさわしいもので、船さえ気にかけない群れは、大行列《だいぎょうれつ》になって何度も船の下をくぐりぬけた。

ぼくはこのとき水中マイクを沈《しず》めて、海中にひびく音を聞いていた。クジラたちはふだん以上に「カチカチ」という音をだし、遠くにはイルカたちの「ピュウピュウ」という澄《す》んだ声や、ゴンドウクジラたちの「ギャアギャア」と騒《さわ》ぐような声が、かさなりあって聞こえていた。

まわりにいるクジラやイルカの数は相当《そうとう》なもので、海のなかにはふだんよりにぎやかな声が満ちていた。

海中を動きまわったクジラの群れが、ふいに動きをとめた。大集団《だいしゅうだん》といっていい群れが、いっそう緊密《きんみつ》なかたまりをつくった。

その直後《ちょくご》、海中にひびくクジラやイルカたちの声が、一気《いっき》に高まったのである。それにあわせるように、まわりを泳ぐハンドウイルカやゴンドウクジラの仲間が、いっせいに海面にジャンプを見せた。

いろいろな種《しゅ》のイルカやクジラがあつまり、いっせいに海面にジャンプする光景《こうけい》は、それまで見たことがない。あつまるマッコウクジラの数といい、海中にひびく彼らの声といい、何かふつうでないことがおこっているようだった。

やがて、マッコウクジラはちらばりはじめ、この日最初《さいしょ》に見たように八頭の——ただし同じメンバーかどうかはたしかめようがない——群れにもどった。いつの間にか、イルカたちも姿《すがた》を消した。

最初のマッコウクジラの群れについて、船を進《すす》めているときだ。八頭と思った群れのあいだで、もう一頭、ほんとうに小さなクジラが、ときおり海面に顔をだすのを目にした。今朝《けさ》この群れにであったときには、赤ちゃんクジラはいなかったはずだ。

とすれば、さっきクジラやイルカたちがあつまったとき、あるいはその前後に誕生《たんじょう》したと思うしかない。イルカたちが祝《いわ》うと考えるのは、あまりに擬人的《ぎじんてき》

のもの）と、体には母親の胎内にいたときの名残である折りじわがきざまれている。

この日誕生したマッコウクジラの赤ちゃん。おなかにはへその緒（白く小さなひも状

かと思うけれど、クジラの誕生《たんじょう》という特別《とくべつ》の出来事《できごと》が、イルカたちを興奮《こうふん》させた可能性《かのうせい》はある。

移動《いどう》していたクジラの群れが、海面でとまり、いつもと同じように体をよせあいはじめたときだ。ぼくは、そっと海のなかにすべりこんだ。

水中マスクごしに、かたまりになったクジラの影《かげ》をとらえた。いつも以上に慎重《しんちょう》に、すこしずつ近づいてみる。

ほんとうに小さなクジラが、大きなクジラたちのあいだで、海面にうかんでいるのが見えた。体の後半部についた折《お》りじわのようなしわは、生まれて間もない赤ちゃんクジラに、共通《きょうつう》して見られるものだ。まだおかあさんの体のなかにいるときに、体が折りまげられていた名残《なごり》である。同じ理由《りゆう》で、尾びれの先も下にむけて丸《まる》まっている。

もうひとつ、おなかから短《みじか》いひもの切れはしのようなものをぶらさげているのに気づいた。へその緒《お》だ。それは、哺乳類《ほにゅうるい》としておかあさんとつながっていたあかしである。へその緒は、遅《おそ》くとも数日のうちにはなくなるだろう。

群れはゆっくり泳ぎはじめた。まだぼくが近くにいることを、いやがってはいない。ぼくもすこしはなれて、クジラたちについて泳いだ。

クジラたちは、あえてぼくから泳ぎ去るわけではなかったが、幼《おさな》い赤ちゃんを、ぼくの目からかばおうとするようだった。それぞれのクジラが、赤ちゃんを隠《かく》すように、交互《こうご》にぼくの目の前を泳いだのである。

ぼくはすこし観察しただけで、赤ちゃんクジラを驚《おどろ》かせることがないようすぐにはなれた。しかし、この日、ぼくはマッコウクジラの誕生に、たちあうことができたのである。

ぼくは海面にうかび、波間《なみま》から顔をあげて、遠《とお》ざかっていくクジラの群れをながめていた。おかあさんクジラの大きな背の横《よこ》で、小さな頭がぽっとつきだすのが見えた。

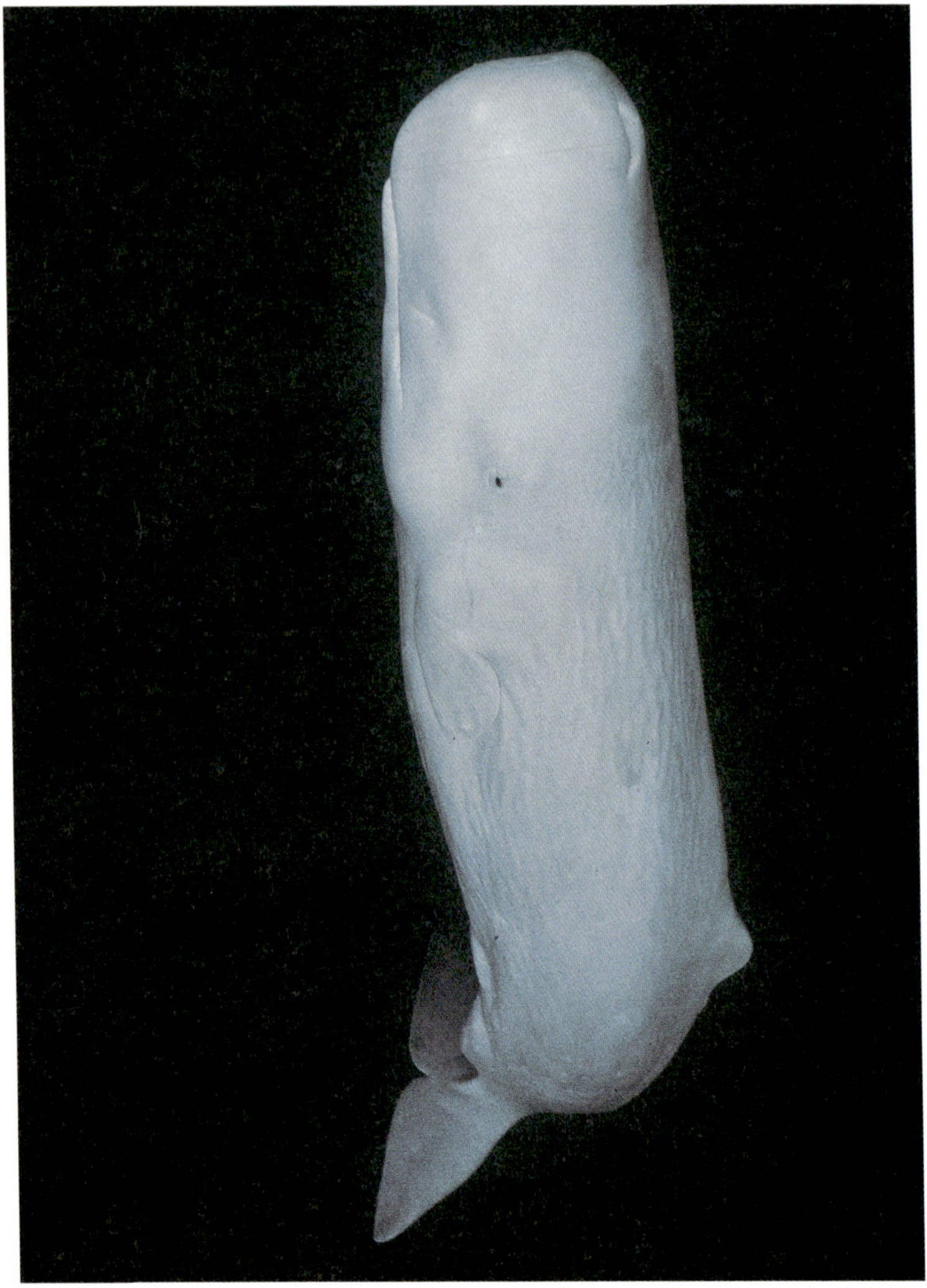

ぼくの足下に潜った白いマッコウクジラの子ども。上目づかいにぼくを見あげた。

白鯨《はくげい》とのであい

ぼくがアゾレス諸島《しょとう》をたずねた一年前、同じ海で、全身《ぜんしん》が白いマッコウクジラの赤ちゃんが目撃《もくげき》されていた。そのときアメリカの写真家《しゃしんか》によって撮影《さつえい》された、生まれたばかりの白い赤ちゃんクジラが母クジラにぴったりよりそって泳ぐ写真を、ぼくは見せてもらっていたのである。

一九世紀、アメリカでまだ盛《さか》んにマッコウクジラ捕鯨《ほげい》がおこなわれていた頃《ころ》、作家《さっか》ハーマン・メルビルは、巨大《きょだい》な白いマッコウクジラを主人公《しゅじんこう》に小説『白鯨《はくげい》』を書いた。かつてこのクジラに片足《かたあし》を奪《うば》われたエイハブ船長《せんちょう》が、白いクジラを追いもとめる物語《ものがたり》だが、全身《ぜんしん》が純白《じゅんぱく》のマッコウクジラは、物語のなかだけの存在ではない。じっさいに捕鯨船《ほげいせん》に乗《の》った経験《けいけん》のあるメルビルは、おそらくそのときに見た白いクジラに小説『白鯨』の着想《ちゃくそう》をえたのだろう。

アゾレス諸島《しょとう》で目撃《もくげき》された白鯨《はくげい》は、赤ちゃんクジラである。マッコウクジラの子どもは、オスならば数年《すうねん》は母親《ははおや》の群れで育《そだ》てられたあと、同じ世代《せだい》のオス同士で回遊《かいゆう》をはじめ、メスならばずっと母親の群れでいっしょにくらす。とすれば、その赤ちゃんがオス、メスのどちらであれ、数年は群れにとどまっているだろう。

ぼくは二週間の航海《こうかい》中、心の隅《すみ》で、何とか白い赤ちゃんクジラにであえないかと思っていた。しかし、ほかのマッコウクジラの撮影《さつえい》は順調《じゅんちょう》に進みながらも、白い赤ちゃんクジラにはであえないまま二週間がすぎていった。

航海の最終日《さいしゅうび》、朝から海面に白波《しらなみ》がたつほどの風がふいていた。この日昼すぎには、クジラを撮影する海域《かいいき》をはなれ、港《みなと》にむけて船を走らせはじめることになっていた。

残《のこ》されたのはあと数時間《すうじかん》で、海の状況《じょうきょう》はけっして観察《かんさつ》や撮影にむいたものではなかった。ぼくは、ほとんどの荷物《にもつ》をかたづけながら、いつでも海に入ることができるように、足ヒレとマスクとスノーケル、そして新《あたら》しいフィルムを入れた水中カメラ一台だけをデッキにだして、水平線《すいへいせん》にクジラの潮ふきがあがるのをさがしていた。

何頭《なんとう》かの、ふつうのマッコウクジラの姿を見送《みおく》ったあと、船長が水平線の彼《か》方《なた》を指《ゆび》さした。ぼくには波間《なみま》にあがった潮ふきしか見えなかったけれど、彼は、

「白い背《せ》が見えたような気がする」

という。誰《だれ》もが、ふたたびクジラが姿を見せるかもしれない方向に目を走らせた。

まもなく潮ふきがあがり、デッキの上に緊張感《きんちょうかん》が走ったけれど、そのなかであらわれたのは、黒いマッコウクジラの背だ。誰もがふっと息をはいたとき、最初のクジラにつづいて白い背が小さく見えた。まちがいなく白い子クジラだ。年齢《ねんれい》からいっても、母クジラといっしょに泳いでいるのだろう。

船はすでにへさきをクジラの親子にむけて走りはじめている。まだ数百メー

トルの距離《きょり》がある。その間、母クジラは何度か潮ふきをあげ、そのたびに小さな白い背が、母クジラのそばに浮上《ふじょう》した。

ぼくは急《いそ》いで足ヒレと水中マスクをつけ、手には水中カメラをもって、いつでも海のなかに入ることができる準備《じゅんび》をした。

親子のクジラまで五〇メートルほどの距離に近づいたとき、母クジラが海面に高く尾びれを見せた。それは、深く潜るときに見せるもので、白い子クジラとのであいもそれでおわりかと思えた。

船長《せんちょう》は、クジラがまだ近くにいる可能性《かのうせい》も考え、エンジンをとめた。船は惰性《だせい》だけでゆっくりと進んでいる。ぼくの目にふと、うねりがわたる海面のすぐ下を、白い影《かげ》が船にむかって走るのがうつった。

ぼくはその機会《きかい》をとらえて、海中に体をすべりこませた。海に入るのは、この旅で最後《さいご》のチャンスになるだろう。

海に入ったぼくは、海面から顔をあげて、波間のどこかに白い影が見えないかをさがした。高いうねりが視界《しかい》をさえぎって、まわりを広く見ることができない。今度《こんど》は顔《かお》を海面につけて、水中に何か影《かげ》が見えないかをたしかめようとした。

そのとき、二〇メートルほど先で、水のにごりのむこうから、子クジラがぼくにむけて泳いでくるのが見えた。その体は、雪《ゆき》のように白い。ぼくは、子クジラがすぐに泳ぎ去ることを考え、まだ距離があるものの、三枚だけたてつづけに写真をとった。

子クジラは、さらにぼくに接近《せっきん》していた。そして、次《つぎ》の瞬《しゅん》間《かん》には、手をのばせばふれることができるほどの距離で泳ぎはじめたのである。ぼくのまわりをまわっては、すこし潜《もぐ》って下からぼくを見あげた。

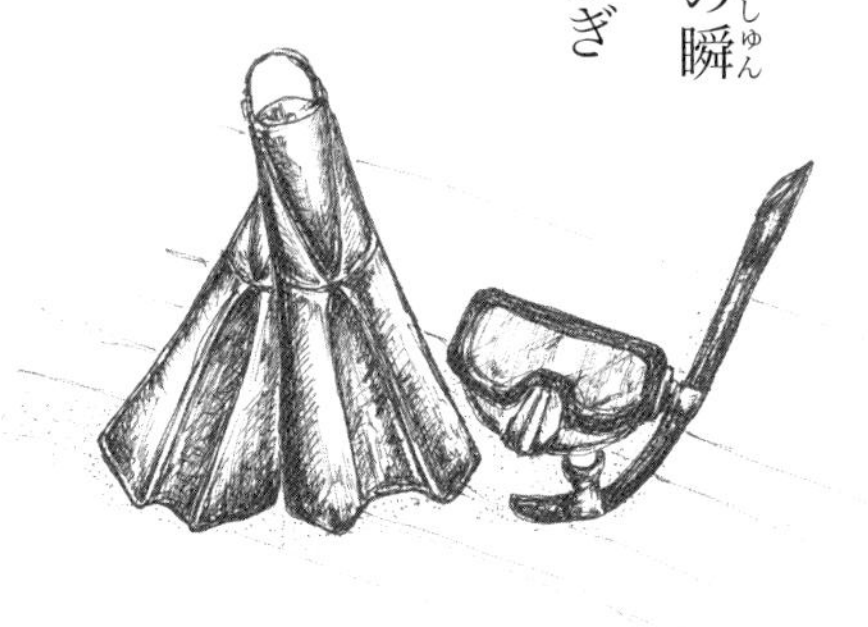

子クジラのベビーシッター

じつは、この旅《たび》のあと、ぼくは何度《なんど》もマッコウクジラを撮影する機会をもつようになるが、幼《おさな》いクジラがひとときのあいだ、ぼくにぴったりとついてすごすことをたびたび経験《けいけん》した。これは、マッコウクジラの本来《ほんらい》のくらしかたとかかわっている。

マッコウクジラの群れは、血《ち》のつながりのあるメスがあつまったもので、きわめて結《むす》びつきが強い。成長《せいちょう》したオスは広い範囲《はんい》を回遊《かいゆう》しており、ときどきメスたちの群れをおとずれていっしょにすごす。

群れで生《う》まれた子クジラは、母親や、群れを同じくする自分のおばさんやおねえさんクジラといっしょにすごし、群れの誰《だれ》からも面倒《めんどう》をみてもらって育《そだ》つ。母親が餌をとりに深海《しんかい》に潜《もぐ》るときには、いっしょに潜れない赤ちゃんクジラは海面に残されるが、一頭だとサメに襲《おそ》われる危険《きけん》もある。そのために、大人のクジラたちは、餌をとるときには交互《こうご》に潜り、誰かが海面にとどまって、赤ちゃんクジラといっしょにすごすのである。

赤ちゃんクジラも、母親が餌をとりに深くまで潜るときには、近くで海面にとどまっている群れのほかのクジラに体をよせる。ベビーシッターになってもらうのだ。赤ちゃんクジラがぼくのそばですごしたのは、母クジラが餌とりをしているときで、他のクジラに身をよせるように、ぼくのそばですごしたのである。

このときぼくは、いま思いかえしても驚《おどろ》くほどの幸運《こううん》に恵《めぐ》まれていた。船からクジラの潮ふきをさがしていたときには高かったうねりが、にわかにおだやかになっていた。それに、朝からずっと空をおおっていた厚《あつ》い雲が、そのときだけは割《わ》れて、太陽の光がさしこみはじめていた。

海中にさしこむ光は、白いクジラの体をまばゆいほどにてらしだす。子クジラがぼくの足下《あしもと》に潜りこんだときには、ぼくは海面にうかんだまま見おろす格《かっ》好《こう》になったけれど、暗《くら》い海中を背景《はいけい》に、子クジラの体は神々《こうごう》しいまでに輝《かがや》いて見えた。

　ぼくは、残《のこ》っていたフィルムをすべて撮影《さつえい》しおえた。子クジラはまだぼくの前にうかんでいて、それ以上撮影できないのは残念《ざんねん》だったけれど、この状況《じょうきょう》のなかで船に戻《もど》って、フィルムを交換《こうかん》することもあるまい。ぼくは、カメラや撮影のことは忘《わす》れて、類《たぐ》いまれな子クジラの姿を、自分の目にやきつけることにした。

　体長《たいちょう》は五メートルほど。この子クジラが、前年《ぜんねん》にアメリカの写真家《しゃしんか》によって撮影された白い子クジラと同じものであれば、満《まん》一歳になる。

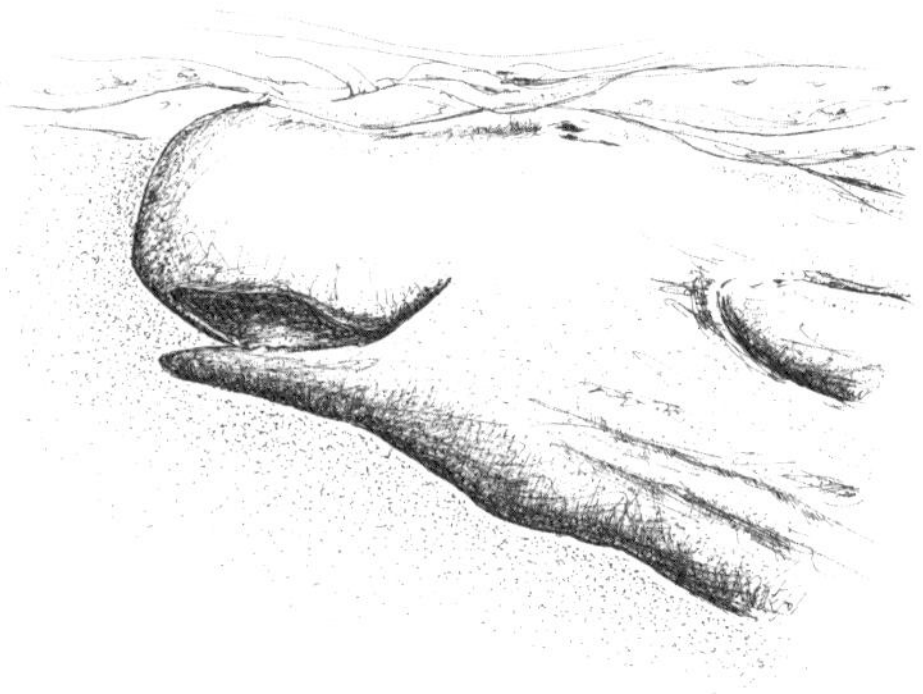

　やがて、遠《とお》くで「カチカチ」と、マッコウクジラの声が海中にひびくのが聞こえた。そのとたん子クジラは、これまでそばにいたぼくなどいなかったかの

ように体をひるがえし、声が聞こえた方角《ほうがく》へ泳ぎ去った。

おかあさんクジラの声だったのだろう。とはいえ、ぼくはまちがいなく白い子クジラの子守役《こもりやく》として、ひとときをすごしたのである。

メルビルは白いクジラを、大海原《おおうなばら》にすむ巨大なもの、えたいのしれないものへの恐《おそ》れの象徴《しょうちょう》として描《えが》いた。一方、ぼくが白い子クジラに抱《いだ》いたのは、親《した》しさに近い感情《かんじょう》であり、子クジラのほうは、母親がいないあいだの安心《あんしん》や保護《ほご》をもとめて、ぼくに体をよせたのである。

ぼくは、すぐに船にあがる気になれなかった。しばらく海に体をうかべたまま、遠くで聞こえる「カチカチ」という声に耳をすましていた。

一瞬《いっしゅん》だが雲《くも》のあい間から顔《かお》をのぞかせた太陽《たいよう》は、ふたたび雲のなかに姿《すがた》をかくしていた。ぼくはほんの数分前《すうふんまえ》におこった出来事《できごと》は、あるいは夢《ゆめ》のなかの出来事ではなかったのかとさえ思った。

＊

これが夢のなかの出来事でなかったことは、いまぼくの手元《てもと》にあるフィルム一本分の、白い子クジラの写真《しゃしん》が語《かた》ってくれている。ある写真は、水の青《あお》さのなかを近づいてくる写真であり、ある写真は、顔だけが画面《がめん》いっぱいに写《うつ》しだされたものだ。

そのいずれもが、ぼくが写真家《しゃしんか》として撮影した数多くの写真のなかで、もっとも思い出深いものになった。写真のなかの子クジラは、ぼくの前でゆったりと水に体をまかせている。

一枚の写真を目にするとき、そこには写されているものと同時に、それを写しているものが、相対峙《あいたいじ》していることに気づかされる。そして、写されているものが何ものであるか以上に、写している人間《にんげん》の思《おも》いや心の動きが、そこでは表現《ひょうげん》されている。

ぼくの心が焦《あせ》っているときには、被写体《ひしゃたい》であるクジラの動きに落ち着きが感じられない写真しか生まれなかった。一方、ぼくが心おだやかにファインダーをのぞくときには、クジラたちもふだんどおりの行動を見せてくれた。

ぼくは、最初はクジラという動物を写したくて写真家になった。しかし、やがてぼくが表現しようとしていたのは、クジラという動物をとおして、自分が何ものであり、自分が物事《ものごと》をどう考えるか、ということであることに気づいた。

ぼくは、クジラを写しながら、自分自身《じぶんじしん》を写していたのである。

あとがき――クジラに教えられたこと

前作『クジラと海とぼく』では、幼《おさな》い頃から海の動物に興味《きょうみ》をもち、さまざまな工夫《くふう》をしながら海の動物の撮影《さつえい》をはじめたいきさつや、クジラを撮影する写真家になるまでを紹介《しょうかい》した。本書《ほんしょ》はその続編《ぞくへん》にあたり、クジラをとる写真家としてどんな経験《けいけん》をし、何を考え、どう撮影活動《さつえいかつどう》をしてきたかをまとめたものである。

しかし、本書だけをお読《よ》みいただいても、あるいは本書からお読みいただいても理解《りかい》できる内容《ないよう》になっている。

出版社《しゅっぱんしゃ》につとめていたぼくが、会社をやめてクジラの撮影に専念《せんねん》しはじめるところから、この本ははじまっている。その後、紆余曲折《うよきょくせつ》はありながらも、クジラの撮影をおもな仕事として、さまざまな作品《さくひん》をつくりあげてくることができた。

途中《とちゅう》で、ぼくのクジラの見かたもずいぶん変《か》わった。最初は、その大きさにあこがれ、いかなる形であれ撮影できればと考えていたものが、やがて彼らが見せる家族《かぞく》のきずなや、ときにぼくたちにむけて見せる好奇心《こうきしん》のさまと、それをささえる彼らの知的《ちてき》な能力《のうりょく》のありかたに、興味《きょうみ》がうつっていった。

それにあわせて、仕事《しごと》のありかたも、ただがむしゃらに撮影すること以上に、ゆっくりと時間をかけて、彼らの細やかな行動《こうどう》や生態《せいたい》を観察するようになっていった。たとえ相手《あいて》が動物であるとはいえ、ぶしつけにカメラをむけることが、ほんとうにいいことかどうか、真剣《しんけん》に考えなおさなければならなくなった。

被写体《ひしゃたい》のクジラを前にして、ぼくの心はいつも、カメラをむけて撮影することと、自分の目で見つめ、感じることとのあいだでゆれつづける。それは、たとえば報道《ほうどう》の分野で仕事をするカメラマンが、災害《さいがい》があった場所《ばしょ》で写真をとりつづけるのか、カメラをいったん置《お》いて、被災者《ひさいしゃ》とともに感じ、被災者に手をかすべきかと考えるのと、相通《あいつう》じるところがあるのかもしれない。

もちろん、どちらが正《ただ》しいというわけではない。しかし、ぼくたち写真家は、なぜ写真をとるのか、あるいはとらないのか、とるのであればどんな姿勢《しせい》で撮《さつ》影活動《えいかつどう》をおこなうのかについて、考えつづけなければならない。そしてそのことを、ぼくはクジラから教《おそ》わったのである。

二〇一一年七月

水口博也《みなくちひろや》

水口　博也（みなくち・ひろや）

写真家、海洋ジャーナリスト。1953年、大阪生まれ。京都大学理学部で海洋生物学を学んだあと、出版社につとめながら、クジラやイルカの撮影をつづける。1984年、フリーランスとして独立。以来、世界の海をフィールドに、動物や環境についての取材をおこない、数々の著書、写真集を発表。鯨類の生態写真では世界的に評価されている。1991年、講談社出版文化賞写真賞受賞。2000年、『マッコウの歌—しろいおおきなともだち』（小学館）で第5回日本絵本大賞受賞。近年は地球の海全体を視野に入れ、北極・南極からサンゴ礁まで、広範囲にわたる取材を展開している。　http://www.hiroyaminakuchi.com/

しろ

東京生まれ。画家、版画家。現在はフリーの立場で幅広い制作活動を行い、繊細な筆致や、大胆な色彩を駆使しながら、自然や生物の生命力を表現している。『Angel Ring シロイルカからの贈りもの』『くらげのくに』（ダイヤモンド社）、『クジラと海とぼく』（アリス館）の絵を担当。　http://www14.ocn.ne.jp/~shiro-e/

ぼくが写真家になった理由—クジラに教えられたこと
発行：2011年9月30日　第1刷発行

著　者　水口博也
絵　しろ

発　行　シータス
横浜市青葉区あざみ野4-4-13-105　〒225-0011
電話 045-904-5884
発　売　丸善出版株式会社
東京都千代田区神田神保町2-17　〒101-0051
電話 03-3512-3256
http://pub.maruzen.co.jp/

印刷・製本　（株）東京印書館

ISBN978-4-9902925-3-9　C8090
Printed in Japan

スフィアブックス　　発売所＝丸善出版

ノチョとヘイリ　ある母子イルカの物語

水口博也　写真・文

青く澄んだバハマの海にくらす母イルカ「ノチョ」と子イルカ「ヘイリ」。群れのなかで成長するヘイリと見守るノチョの姿を、一五年の観察を通してあたたかく描く写真絵本。定価＝一五七五円（税込）

ISBN978-4-9902925-0-8

ペンギンびより　Penguin Days

水口博也　写真・文

南極の氷の世界で育つコウテイペンギンの赤ちゃんをとらえた写真絵本。体をよせあって寒さをしのぎ、親鳥に餌をねだるヒナたちの、愛らしい表情やしぐさに癒される一冊。定価＝九四五円（税込）

ISBN978-4-9902925-1-5

世界のネイチャーフォトグラフィー2011　Nature Photo Annual 2011

スフィアブックス　編

変わりゆく「地球のいま」を記録に残すことを目的に、世界中からすぐれたネイチャーフォトを集めた写真集。世界の写真家がとらえる壮大な「地球物語」。年一回刊行。定価＝一八九〇円（税込）

ISBN978-4-9902925-2-2